生物統計・
臨床研究デザイン
テキストブック

[編集]

山田　浩
静岡県立大学薬学部 医薬品情報解析学分野 教授

磯野 修作
塩野義製薬株式会社 解析センター長

渡辺 秀章
塩野義製薬株式会社 解析センター データサイエンス部門長

株式会社 メディカル・パブリケーションズ

初版の序

『生物統計・臨床研究デザイン テキストブック』
発刊にあたって

　本書は，2015年から始まった日本薬学会の改訂「薬学教育モデル・コアカリキュラム」に基づき，薬学生および大学院生を対象としたわかりやすい生物統計・臨床研究デザインのテキストであるとともに，治験を含む臨床研究の担い手であるCRC，医師，薬剤師，看護師，臨床検査技師，製薬企業担当者（モニター，データマネジャー等）の方々にも有用となるよう，生物統計学および臨床研究方法論の基本とその応用を，わかりやすく明解な記述を目指して企画した書籍である。統計学，臨床研究方法論の書籍はそれぞれ単独では世の中に出回ってはいるものの，両者を基礎から応用までコンパクトにまとめ，学部生・大学院生から医療現場の臨床研究支援スタッフまで理解しやすく記述した書籍は，いままでにない新しい試みといえる。

　本書の内容は，「薬学教育モデル・コアカリキュラム」で求める，統計学の基礎から応用，臨床研究デザインに関連した到達目標はすべてカバーし，薬剤師国家試験に合格できるレベルであることはもちろん，実際の治験／臨床研究の現場において座右に置き知識を確認できるように構成されている。執筆者は，静岡県立大学薬学部において統計学・医薬品情報学の教鞭を執っている現役教員と塩野義製薬株式会社解析センターの若手生物統計家が中心となり，生物統計学，疫学，臨床研究デザイン，データマネジメント，モニタリング，監査等を含めた当該分野の専門家の方々にご協力いただき，単なる国家試験の受験本ではなく，根底にあるサイエンスを踏まえた内容としている。本書が，学部生・大学院生のみならず，臨床研究に携わるすべての方々に寄与することを願って止まない。

　最後に，執筆にご協力いただいた著者の皆様方，ならびに企画・編集にあたりご尽力をいただいた株式会社メディカル・パブリケーションズ編集部の吉田明信氏，松本みずほ氏に，心より深謝する。

2015年9月
編者記す

山田　浩
磯野　修作
渡辺　秀章

目 次

初版の序　iii

編者／著者 一覧　vi

第1章●基礎編　1

1. データの型と分布，要約 ……………………………………………………………2
はじめに　2／データの型と尺度　2／度数分布表とヒストグラム　4
要約統計量　6／データの図表化による記述方法　10／まとめ　12
問題と解答　14

2. 確率・確率分布 ………………………………………………………………………17
確率変数と確率分布　17／離散型の代表的な分布　20
連続型の代表的な分布　24／問題と解答　26

3. 推定 ……………………………………………………………………………………28
はじめに　28／母集団と標本　28／推定とは　29
点推定　29／区間推定　32／実例　34
問題と解答　36

4. 検定 I（統計学的検定とは）………………………………………………………39
はじめに　39／コイン投げ　39／検定の流れ　40／片側検定と両側検定　42
検定方法　43／2つの過誤と検出力，標本サイズ　43
問題と解答　45

5. 検定 II〔Studentの t 検定（対応のない t 検定），対応のある t 検定〕 ……………47
はじめに　47／Studentの t 検定（対応のない t 検定）　47
対応のある t 検定　50／用語の説明　53
問題と解答　55

6. 検定 III（Wilcoxon順位和検定，Wilcoxon符号付き順位検定，カイ二乗検定）………57
はじめに　57／Wilcoxon順位和検定　57
Wilcoxon符号付き順位検定　58／カイ二乗検定　60
まとめ　63／問題と解答　64

7. 相関と回帰 ……………………………………………………………………………66
はじめに　66／相関　67／回帰分析　70
問題と解答　73

8. 臨床研究計画法とEBM ………………………………………………………………76
はじめに　76／臨床研究計画法　76
EBM　80／問題と解答　84

第2章 応用編 87

1. 分散分析と多重比較 ... 88
分散分析 88／多重比較 93／問題と解答 97

2. 多変量解析 ... 100
多変量解析とは 100／重回帰分析 101／ロジスティック回帰 104
変数選択の方法 108／問題と解答 109

3. 生存時間解析法 ... 111
生存時間解析とは 111／Cox回帰 117／問題と解答 120

4. 疫学概論 ... 122
疫学の定義 122／疫学の概論 123／疫学で使用する重要用語 128
費用対効果 129／問題と解答 130

5. 観察研究 ... 132
はじめに 132／臨床研究の定義と分類 132／観察研究（各論） 134
バイアスの種類と，その制御法，交絡 136／おわりに 138／問題と解答 138

6. 介入試験・メタアナリシス ... 140
はじめに 140／介入試験 140／ランダム化比較試験 141／メタアナリシス 145
おわりに 148／問題と解答 149

7. 生物統計家から見た臨床開発におけるデータマネジメント／統計解析 ... 151
はじめに 151／統計解析担当者の役割 152／治験実施計画書 154
データマネジメントの役割 155／データ標準 156
データマネジメントと統計解析のプロセス 158／総括報告書作成 158
コモン・テクニカル・ドキュメント 158／問題と解答 160

8. モニタリングの実際 ... 162
モニタリングの定義 162／モニタリングの実際 164
最近のモニタリングの動向 167／問題と解答 170

9. 監査の実際 ... 172
はじめに 172
「人を対象とする医学系研究に関する倫理指針」における監査の定義 172
研究者主導型臨床研究の監査のステップ 173
「治験」における監査の定義と手法 176／問題と解答 179

資料：標準正規分布表 182

索引 184

編者プロフィール 195

編者／著者 一覧

【編者】

山田　　浩　（静岡県立大学薬学部医薬品情報解析学分野教授）
磯野　修作　（塩野義製薬株式会社解析センター長）
渡辺　秀章　（塩野義製薬株式会社解析センターデータサイエンス部門長）

【著者】（執筆順／下段：執筆原稿）

松本　圭司　（静岡県立大学薬学部医薬品情報解析学分野客員共同研究員）
　　　　　　◆第1章：1. データの型と分布，要約

川崎　洋平　（静岡県立大学薬学部医薬品情報解析学分野講師）
　　　　　　◆第1章：2. 確率・確率分布
　　　　　　◆第2章：2. 多変量解析／3. 生存時間解析法

豊泉樹一郎　（塩野義製薬株式会社解析センターバイオスタティスティクス部門）
　　　　　　◆第1章：3. 推定／4. 検定Ⅰ

藤原　正和　（塩野義製薬株式会社解析センターバイオスタティスティクス部門）
　　　　　　◆第1章：5. 検定Ⅱ／6. 検定Ⅲ／7. 相関と回帰

山田　　浩　（静岡県立大学薬学部医薬品情報解析学分野教授）
　　　　　　◆第1章：8. 臨床研究計画法とEBM
　　　　　　◆第2章：5. 観察研究／6. 介入試験・メタアナリシス

井出　和希　（静岡県立大学大学院薬食生命科学総合学府博士後期課程薬科学専攻／
　　　　　　日本学術振興会特別研究員）
　　　　　　◆第2章：1. 分散分析と多重比較

冨高辰一郎　（パナソニック健康保険組合健康管理センター予防医療部メンタルヘルス科／
　　　　　　静岡県立大学薬学部医薬品情報解析学分野客員共同研究員）
　　　　　　◆第2章：4. 疫学概論

小林　章弘　（グラクソ・スミスクライン株式会社開発本部バイオメディカルデータサイエンス部
　　　　　　プリンシパル・スタティスティシャン）
　　　　　　◆第2章：7. 生物統計家から見た臨床開発におけるデータマネジメント／統計解析

熊谷　　翼　（サノフィ株式会社医薬開発本部臨床開発統括部モニタリング部モニタリング推進室）
　　　　　　◆第2章：8. モニタリングの実際

池原　由美　（琉球大学医学部附属病院臨床研究教育管理センター特命助教）
　　　　　　◆第2章：9. 監査の実際（1〜3）

筒泉　直樹　（アストラゼネカ株式会社クリニカル＆ファーマコビジランス QA Asia Pac）
　　　　　　◆第2章：9. 監査の実際（4）

第1章

基礎編

1. データの型と分布，要約
2. 確率・確率分布
3. 推定
4. 検定 I
5. 検定 II
6. 検定 III
7. 相関と回帰
8. 臨床研究計画法と EBM

第1章 ● 基礎編

1. データの型と分布, 要約

KEY WORD データの型, 尺度, 質的データ, 量的データ, 度数分布表, ヒストグラム, 要約統計量, 平均, 中央値, 分散, 標準偏差, 四分位偏差, クロス集計表, 箱ひげ図

1. はじめに

　統計的方法はデータ収集，データ整理，データ解析（記述的解析，推測的解析）に大きく分けられる．統計学において扱う**データ**とは，個々の観測値（数値や属性）についてまとめたもので，コンピュータでプログラムを使った処理の対象となる記号化・数字化された資料である．計画通りデータ収集したあとは，まず正しく効率的にデータを「読む」必要がある．データを読むとは，得られたデータの特徴や様子（特に分布）を知ることである．通常，データはそのままではただの数字の羅列であり，全体の分布の状況をつかむことはできない．データを読むためにはデータを整理し，分布を図表化し，その特徴を表す要約統計量を算出する必要がある．

　本節では，データ整理や記述的解析に必要となるデータの型と分布，要約について述べる．

2. データの型と尺度 (表1)

　データには「**型**」と「**尺度**」があり，その違いによってデータ整理や解析の方法が異なる．データの型は**質的データ**（qualitative data）〔あるいは**カテゴリカルデータ**（categorical data）〕と**量的データ**（quantitative data）（あるいは**数量データ**）に分類できる．質的データとは，カテゴリーに分類されたデータであり，性別（男・女）や血液型（A・B・O・AB），尿タンパク・糖などの定性検査（−，±，1+，2+，3+）など，直接数値で測ることができないデータをいう．一方，量的データとは，定量的な数値で表されたデータであり，身長，体重，温度など，直接数値で測ることができるデータをいう．さらにデータは測定の依っている基準から，**名義尺度**，**順序尺度**，**間隔尺度**，**比尺度**の4つの**尺度**

表 1. データの型と尺度（参考文献 6 より引用）

型 (type)	尺度 (scale)	順序関係 があるか	等間隔性 があるか	絶対零点 があるか	例
質的[定性的]データ (qualitative data)	名義尺度 (nominal scale)	無	無	無	性別, 職業, 住所
	順序尺度 (ordinal scale)	有	無	無	「重度」,「中等度」,「軽度」
量的[計量的]データ (quantitative data) 離散データ (discrete data) 連続データ (continuous data)	間隔尺度 (interval scale)	有	有	無	摂氏・華氏温度, 西暦年
	比尺度 (ratio scale)	有	有	有	年齢, 身長, 体重

・計数データ（counting data）：質的データ ＋ 離散データ
・計量データ（measuring data）：連続データ
・時間イベント・データ

(scales) に分類される。これらは順序関係, 等間隔性, 絶対零点の有無により分けられる。

名義尺度（nominal scale） 順序関係のない質的データを名義尺度の水準にあるという。たとえば性別の「男」「女」など。

順序尺度（ordinal scale） 順序関係のある質的データを順序尺度の水準にあるという。等間隔性（距離）はない。たとえばアンケート調査での「悪い」「普通」「良い」など。

間隔尺度（interval scale） 量的データで, 間隔（距離）について比較が可能だが絶対零点を持たないものを間隔尺度の水準にあるという。絶対零点がないため比は意味を持たない。たとえば摂氏温度（℃）など。

比尺度（ratio scale）（比例尺度） 量的データで, 間隔（距離）について比較可能であり絶対零点を持つものを比尺度の水準にあるという。対象がほかよりも大きいか小さいか, 比によって表現が可能。たとえば身長, 体重, 絶対温度（K）など。

また, 量的データの中で連続的な値を取るものを**連続データ（continuous data）**, 離散的な値を取るものを**離散データ（discrete data）**という。連続データは測る（measure）ことで得られ, 離散データは数える（count）ことで得られる。離散データと質的データは尺度が異なるが, 解析方法が共通することが多いため, まとめて**計数データ（counting data）**と呼ぶことがある。対して連続データを**計量データ（measuring data）**と呼ぶ。

3. 度数分布表とヒストグラム

3-1. 度数分布表

　量的データは，度数分布表とヒストグラムを作成することでデータの分布を確認できるようになる。例として，ある高校における男子生徒100人の身長を度数分布表にしたものを表2に示す。**度数分布表**とは観測値の取り得る値をいくつかの階級に分け，それぞれの階級に含まれる観測値の数を数え上げて表にしたものである。階級値とは階級を代表する値で，通常は階級の中央の値（上限と下限の和を2で割った値）が当てられる。相対度数はデータ全体を1としたときの各階級の割合を示す。

表2. 男子生徒100人の身長（度数分布表）

階級区間				階級値	度数	相対度数
155 cm 以上		160 cm 未満		157.5	2	0.02
160	〃	165	〃	162.5	9	0.09
165	〃	170	〃	167.5	29	0.29
170	〃	175	〃	172.5	41	0.41
175	〃	180	〃	177.5	16	0.16
180	〃	185	〃	182.5	3	0.03
合計					100	1.00

3-2. ヒストグラム

　先に述べた度数分布表から度数または相対度数をグラフにした**ヒストグラム（histogram）**が作成できる（図1 (a)）。グラフの横軸は連続データになっている。そのため，質的データの頻度を表現している棒グラフとは異なり，柱の間隔は空けない。図1 (a) では170 cm以上175 cm未満が最も高く，ほぼ左右対称の山型の分布になっていることがわかる。一方，データによっては図1 (b) のように山の峰が2つになる場合がある。これは，先の男子生徒100人に女子生徒100人を加えたデータである。このように性質の異なるデータが混じっている場合，峰が2つになることがある。このような分布を**双峰型（bimodal）**と表現する。この場合，データを性別で層別化することで，分布が理解しやすくなる（図1 (c)）。また，臨床検査値など，臨床のデータでは図1 (d) に示すような偏った分布にしばしば出会う。このような右側に裾を引く分布を**右に歪んだ分布**と表現する。

　度数分布表やヒストグラムの幅（**階級幅**）と区切る数（**階級数**）を決める統一的なルールはないが，**スタージェスの公式（Sturges' rule）**が参考になる。これは階級数を求めるための式としては最も有名な式で，観測値の数をnとしたとき，階級数は，

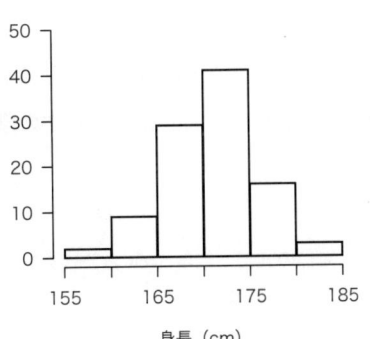

(a) 男子生徒100人

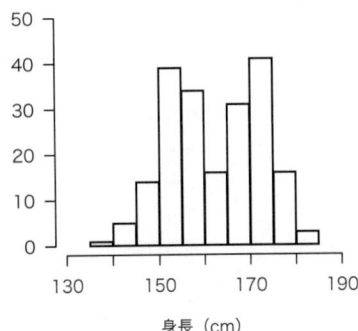

(b) 男子100人と女子100人

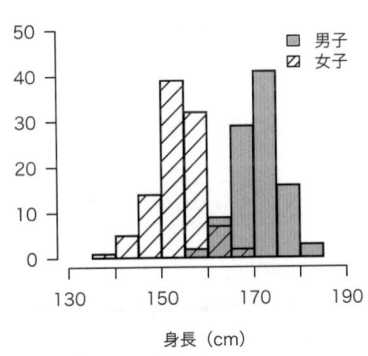

(c) 男子と女子を層別化

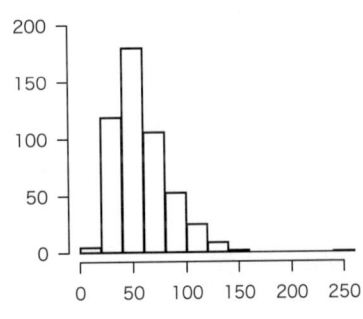

(d) 検査値X

(e) 男子生徒の身長の幹葉図

```
15 | 89
16 | 022233344
16 | 5556666777777778888889999999
17 | 000000000011112222222222333333333344444444
17 | 5555666667788899
18 | 123
```

(f) 女子生徒の身長の幹葉図

```
13 | 9
14 | 12234
14 | 56667777888999
15 | 00000111111111112222223333333344444444
15 | 555555556666666677778888888888999
16 | 0111222
16 | 56
```

図1. (a) 男子生徒100人の身長，(b) 男子生徒100人と女子生徒100人，(c) 男子生徒と女子生徒を層別化，(d) 右に歪んだ分布の例（検査値X），(e) 男子生徒100人の身長，(f) 女子生徒100人の身長

$$\text{階級数} = 1 + \log_2 n$$

で与えられる。実際にヒストグラムを描く際はスタージェスの公式から求めた階級数を参考にすると良いが，あくまで参考に止め，解析者自身で分布の形状を評価しやすい階級数を決めることが大切である[注1]。

注1：スタージェスの公式の詳細は参考文献7を参照。また，同様の式としてはScottの公式やFreedman-Diaconisの公式などがある（参考文献8）。

3-3. 幹葉図

幹葉図（stem and leaf plot）はヒストグラムと同じように，データ分布を表示する方法の一つである。先ほどの高校生の身長データの幹葉図を示す（図1 (e)，(f)）。たとえば，158 cm という観測値であれば，「15」が幹になり「8」が葉になる。これをすべての観測値について行い，小さい順に並べると幹葉図が完成する。幹葉図の特徴は，度数分布表やヒストグラムと異なり，すべての観測値の情報が残されていることである。

4. 要約統計量

度数分布表とヒストグラムによって，データの分布を視覚的につかむことができた。ここからは，データの分布や特徴を数値で表現する方法について述べる。

データ分布の特性を数量的に表現するものを**要約統計量**（**記述統計量**あるいは**特性値**）と呼ぶ。要約統計量の中でデータ分布の中心を表現するものを**代表値**といい，**平均**(mean)が最もよく知られている。一方，データ分布の散らばりを表現するものを**散布度**といい，たとえば**分散**（variance）などがある。

4-1. 代表値

4-1-1. 平均（mean）

n 個の観測値 $x_1, x_2, \cdots, x_n$ の和をデータの大きさ n で割ったものを**平均**(mean)（正確には，**算術平均**あるいは**相加平均**）という。平均はデータの重心を意味している。

$$\bar{x} = \frac{x_1 + x_2 + \cdots + x_n}{n} = \sum_{i=1}^{n} \frac{x_i}{n}$$

先に述べた男子生徒の身長データでは，

$$\bar{x} = \frac{167 + 171 + \cdots + 167}{100} = \frac{17057}{100} \fallingdotseq 170.6$$

と計算でき，平均値は約 171 cm となる．

4-1-2. 中央値（median）

データを小さい順に並べたときの真ん中の値を**中央値**（median）という．データの大きさが奇数の場合は，そのまま真ん中の値が中央値となるが，データの大きさが偶数の場合は真ん中を挟む 2 つの値の平均を取り中央値とする．男子生徒の身長データではデータの大きさが偶数のため（100 人），データを小さい順に並べたときの 50 番目（170 cm）と 51 番目（171 cm）の平均が中央値（170.5 cm）となる．分布が対称に近い場合，平均値と中央値は近い値になる．

別のデータで平均値と中央値について検討してみる．1 週間でどれくらいゲームをするか 10 人に聞いたところ，

$$0,\ 1,\ 1,\ 2,\ 2,\ 4,\ 4,\ 4,\ 4,\ 60\ （時間）$$

であった．平均値は 8.2，中央値は 3 である．この例では，10 人中 8 人が 4 時間以下であるにもかかわらず，平均値は 8.2 時間と大きな値になった．大きい観測値に平均が引っ張られてしまったためである．このような場合，平均はデータの代表値としては適当ではない．極端に大きな観測値があると，平均は大きく影響されるが中央値はほとんど影響を受けない．

4-2. 散布度

4-2-1. レンジ（範囲）（range）

レンジ（range）とはデータの散らばりを表現する最も単純なもので，最大値から最小値を引いたものである．男子生徒の身長データでは，最大値が 183 cm，最小値が 158 cm なので，25 がレンジとなる．レンジは最大値と最小値のみで決まるため，外れ値に大きく影響される．このため，これのみで用いられることはない．

4-2-2. 四分位偏差（quartile deviation）と四分位範囲（interquartile range）

中央値のときと同様にデータを小さい順に並べ，データを 4 等分したときの 3 つの分割点を**四分位点**（quartile）という．それぞれ小さいものから第 1 四分位点 Q_1，第 2 四分位点 Q_2，第 3 四分位点 Q_3 と呼ぶ（すなわち，第 2 四分位点は中央値と同じ）．言い換えると，データを中央値で分割したときの，小さいグループでの中央値が第 1 四分位点で，大きいグループでの中央値が第 3 四分位点になる（データの大きさが奇数の場合，データ全体の中央値となった観測値は小さいグループと大きいグループの両者に含まれるものとして考える[注2]）．

注2：たとえば，小さい順に $x'_1, x'_2, \cdots, x'_7$ となる大きさ7のデータについて考える。中央値は x'_4 である。このとき，小さいグループは $\{x'_1, x'_2, x'_3, x'_4\}$，大きいグループは $\{x'_4, x'_5, x'_6, x'_7\}$ として考え，Q_1 は $(x'_2 + x'_3)/2$，Q_3 は $(x'_5 + x'_6)/2$ となる。
この四分位点の求め方は Tukey による hinges の考え方に基づく[5]。これ以外にも四分位点の算出にはいくつかの定義があり，用いる統計ソフトウェアによっては定義の違いから返り値が若干異なることがある（詳細は参考文献9を参照）。

このとき**四分位偏差**（quartile deviation）を Q とすると，

$$Q = \frac{Q_3 - Q_1}{2}$$

で与えられ，真ん中半分のデータが散らばっている範囲を2で割ったものになる。なお，2で割らないものを**四分位範囲**（interquartile range，IQR）と呼ぶ。前述の1週間当たりのゲーム時間のデータでは，Q_1 は1，Q_3 は4であり，IQR は3となる[注3]。四分位偏差と四分位範囲は中央値と組み合わされて用いられる散らばりの表現である。

分位点と同様の考え方に**パーセント点**（percentile）がある。これは観測値を小さいほうから並べ，$100p\%$ $(0 \leq p \leq 1)$ で表現するものである。通常は下から累積する下側パーセント点が用いられ，第1四分位点は25パーセント点，中央値は50パーセント点，第3四分位点は75パーセント点に相当する。

注3：最小値，Q_1，中央値，Q_3，最大値の5つの値でデータを要約することを**五数要約**（5-number summary）と呼ぶ。ゲーム時間のデータでは，五数要約は0，1，3，4，60となる。

4-2-3. 平均偏差（mean deviation）

各観測値と平均との差を**偏差**（deviation）といい，偏差について平均を求めたものを**平均偏差**（mean deviation）という。偏差の和はそのままでは0になるため，平均偏差は各偏差について絶対値を取ることで求められる。

$$平均偏差 = \frac{1}{n}\{|x_1 - \bar{x}| + |x_2 - \bar{x}| + \cdots + |x_n - \bar{x}|\}$$

平均偏差は絶対値を利用するため扱いにくく，あまり用いられることはない。

4-2-4. 分散（variance）と標準偏差（standard deviation）

平均偏差では絶対値を取ったが，絶対値ではなく2乗することでも符号を消すことができる。偏差の2乗の和（これを**偏差平方和**と呼ぶ）について，データの大きさ n で除したものを**分散**（variance）という。分散 s^2 は，

$$s^2 = \frac{1}{n}\{(x_1-\bar{x})^2+(x_2-\bar{x})^2+\cdots+(x_n-\bar{x})^2\}$$

$$= \sum_{i=1}^{n}\frac{(x_i-\bar{x})^2}{n}$$

で求められる。分散の単位は観測値 x の単位の平方となるため，分散の正の平方根を取って単位を戻した**標準偏差（standard deviation）**もよく用いられる。標準偏差 s は，

$$s = \sqrt{\sum_{i=1}^{n}\frac{(x_i-\bar{x})^2}{n}}$$

となる。

上述の分散と標準偏差は，正確にはそれぞれ**標本分散（sample variance）**と**標本の標準偏差（standard deviation of the sample）**と呼ばれるものである。分散にはほかに**不偏分散（unbiased variance）**と呼ばれるものがあり，単に分散といった場合は不偏分散を意味することが多い[注4]。不偏分散 u^2 は，

$$u^2 = \sum_{i=1}^{n}\frac{(x_i-\bar{x})^2}{n-1}$$

で与えられる。標本分散とは違い，不偏分散は分母が n から $n-1$ に変わっている。実際に解析を行う場合，ほとんどの場合は不偏分散を用いる。不偏分散は得られた観測値が**母集団 (population)** から抽出された**標本 (sample)** として考えたときに有用となる。すなわち，得られたデータそのものの散らばり具合を表現する場合は標本分散を用い，得られたデータ（標本）から母集団の散らばり具合について考える場合は不偏分散を用いる（詳細は第1章「3. 推定」を参照）。

注4：分散 s^2 は標本分散と呼ばれることが多いが，書籍によっては不偏分散 u^2 を標本分散と表現することもある。また，不偏分散の正の平方根 u を不偏標準偏差と表現する書籍もある（難しいのだが，厳密には u は母集団の標準偏差の不偏推定量ではない）。用語が統一されておらず非常にややこしいため，他の書籍を読む場合は注意してほしい（標準偏差の不偏推定量についての詳細は参考文献 10 を参照）。

4-2-5. 変動係数（coefficient of variation）

散らばり具合を比較する際，それぞれの分布の中心の位置が大きく異なると，分散や標準偏差では比較することができない。そこで標準偏差を平均値で調整した**変動係数 (coefficient of variation，CV)** がよく用いられる。

$$CV = s/\bar{x}$$

変動係数は無次元数（単位を持たない数）であるため，異なる単位を持つものの散らばり具合を比較する際にも用いることができる。変動係数はパーセンテージで表記されることもある（上記式に100を掛けるとパーセンテージになる）。

4-3．歪度（skewness）と尖度（kurtosis）

代表値と散布度のほかに，分布の形状を示す特性値として**歪度（skewness）**と**尖度（kurtosis）**がある。歪度と尖度は正規分布に近いかどうかを見る指標になる。歪度は分布が左右対称のとき0となり，分布が右に歪む（右に裾を引いている）と正，左に歪むと負の値を取る。尖度は正規分布と比べ裾が短くなると小さく，裾が長くなると大きくなる（正規分布については第1章「2．確率・確率分布」を参照）。

5. データの図表化による記述方法

これまで量的データ（身長のデータなど）を主に扱い，実際のデータ整理・記述的解析を見てきた。ここでは，ほかの場合の記述方法として，表とグラフについて例を挙げて説明する。

5-1．質的データ

同じクラスの生徒50人について血液型を調べたとする。血液型は質的データのため，結果は表で記述するとわかりやすくまとめることができる（**表3-1**）。また，ここから**棒グラフ**を作成することもできる（図2 (a)）。

表3-1．50人の血液型

	A	AB	B	O	合計
人数	21	4	9	16	50

5-2．質的データと質的データ

先ほどの血液型のデータに性別の情報が加わった場合を考える（**表3-2**）。このような表を**クロス集計表(cross table)**と呼ぶ(この場合は2×4のクロス集計表と呼ぶ)。質的データと質的データの関係を見るのに有効な記述方法である。縦方向の変数（この表では「性別」）を**表側**，横方向の変数（この表では「血液型」）を**表頭**という。グラフとしては積み上げ棒グラフや横並びにした棒グラフを描くことができる（図2 (b)，(c)）。ほかにはバルーンプロットも有用な記述方法となる（図2 (d)）。

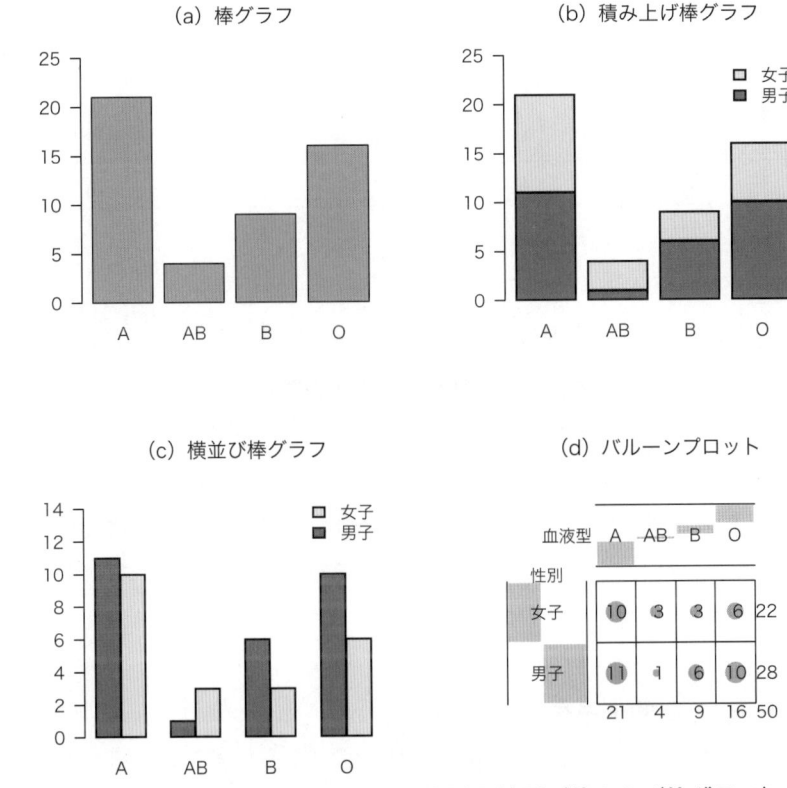

図2. (a) 50人の血液型, (b) 50人の血液型と性別（積み上げ棒グラフ）, (c) 50人の血液型と性別（横並び棒グラフ）, (d) 50人の血液型と性別（バルーンプロット）

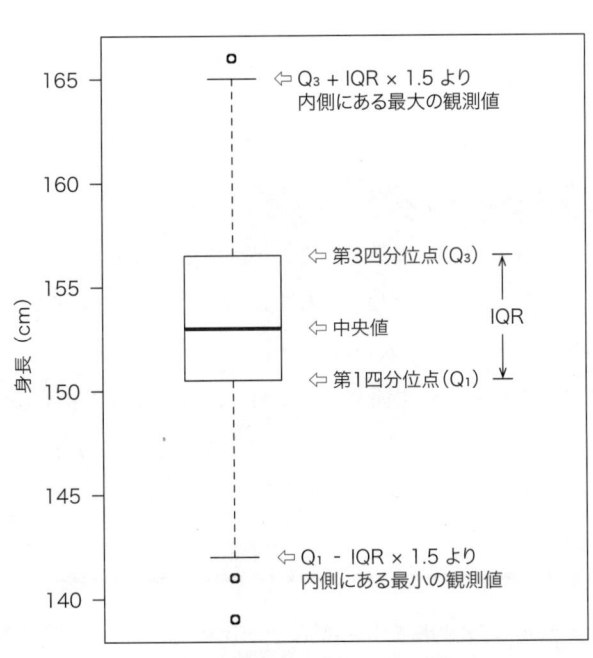

図3. 女子生徒100人の身長

表 3-2. 50 人の血液型と性別

	A	AB	B	O	合計
男子	11	1	6	10	28
女子	10	3	3	6	22
合計	21	4	9	16	50

5-3. 量的データ

量的データでは，すでに述べてきたように度数分布表とヒストグラムが有用な記述方法である．その他の方法として，**箱ひげ図**（box and whisker plot）がある（図3）．箱ひげ図を描く手順は次のようになる．1) 第1四分位点と第3四分位点を箱の下端と上端にし，箱を描く．2) 箱の中に中央値を示す線を描く．3) 箱の端から箱の長さ（すなわち四分位範囲 IQR）の 1.5 倍以上離れている観測値を外れ値とし，点を打つ．4) 外れ値ではない最も遠いデータまで「ひげ」を伸ばし，完成となる．箱ひげ図では，四分位範囲を含めた分布の様子がおおよそで理解しやすくなる．

5-4. 量的データと質的データ

たとえば「身長」と「性別」について関係が見たい場合，ヒストグラムでは図1（c）のように「性別」で色分けすることで，性別ごとの分布を視覚的に得ることができた．ほかに箱ひげ図も利用できる（図4 (a)）．または，観測値をそのまま点で表現したドットプロットも有効である（図4 (b)）．ドットプロットではすべての観測値を利用しているため，箱ひげ図に比べ各観測値の情報は失われていない．ただし，観測値が多くなると煩雑なプロットになってしまい，分布の様子がわかりにくくなってしまう．これらは状況によって使い分ける必要がある．

5-5. 量的データと量的データ

たとえば「身長」と「体重」の関係を見たい場合などが量的データと量的データの関係になる（詳細は第1章「7. 相関と回帰」を参照）．ここで用いられるのは，**散布図**（scatter plot）である．図5では，身長が高い人のほうが体重も重い傾向にあることがわかる．また，全体として男子はグラフの右上に集団を作っており，女子は左下に集団があることがわかる．

6. まとめ

本節では，データ整理・記述的解析に必要なデータの型と分布，要約について説明した．データ収集後はすぐに「計算」を始めるのではなく，まずはデータの型と尺度を確認して，

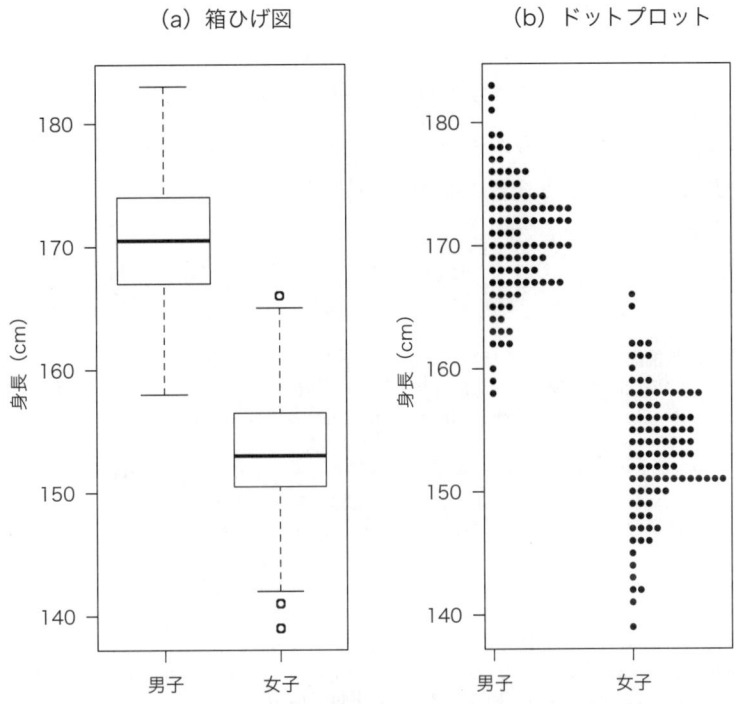

図4. (a) 男子と女子の身長を比較した箱ひげ図,
(b) 男子と女子の身長を比較したドットプロット

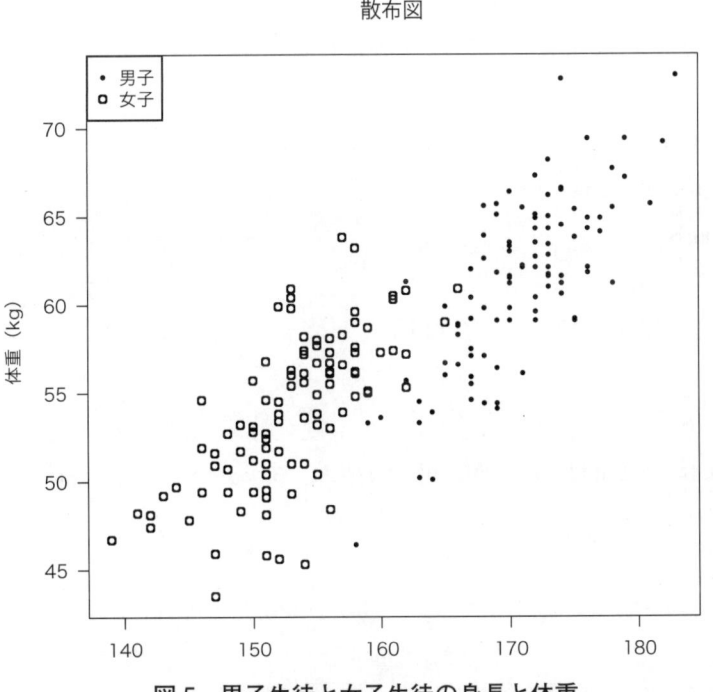

図5. 男子生徒と女子生徒の身長と体重

適切な表やグラフを描くことが大切である。グラフを描いた後，要約統計量を算出してデータ分布について記述する。これらの一連がデータ整理・記述的解析である。本節ではデータの記述方法として，さまざまなグラフを紹介した。適切なグラフを描くことは複雑な解析を行うことよりも大切なことが多い。実際にデータ解析を行う場合は，データ整理・記述的解析を行ってから，より複雑な推測的解析に進む。

■参考文献
1) 宮原英夫，丹後俊郎：医学統計学ハンドブック，pp. 3-45，朝倉書店，1995
2) 東京大学教養学部統計学教室（編）：統計学入門，pp. 1-66，175-192，東京大学出版会，1991
3) Armitage P, Berry G : Statistical methods in medical research（3rd ed）, pp. 1-40，78-92，Blackwell Science, 1994
4) Peacock JL, Peacock PJ : Oxford handbook of medical statistics, pp. 173-202，Oxford press, 2011
5) John W Tukey : Exploratory data analysis, pp. 1-96, Addison-Wesley Pub, 1977
6) 大門貴志：統計学の起源，データの型と尺度．Clinical Research Professionals 2：40-43，2007
7) Sturges HA : The choice of a class interval. Journal of the American Statistical Association 21：65-66, 1926
8) Venables WN, Ripley BD : Modern Applied Statistics with S, 4th ed, Springer, 2002〔WN ヴェナブルズ，BD リプリー（著）：伊藤幹夫，大津泰介，戸瀬信之，中東雅樹，丸山文綱，和田龍麿（訳）：S-PLUS による統計解析，第2版, pp. 127-163, シュプリンガー・ジャパン，2009〕
9) Hyndman RJ, Fan Y : Sample quantiles in statistical packages. American Statistician 50：361-365, 1996
10) 吉澤康和：新しい誤差論，pp. 1-18，77-97，共立出版，1989

問題と解答

問題1．質的データとして正しいのはどれか。3つ選べ。

a) 料理の評価アンケート（「美味しい」「普通」「まずい」）
b) 血圧の測定値（mmHg）
c) 体重（kg）
d) マラソンの順位
e) 通勤手段（徒歩，自転車，車，電車）

解答　a, d, e
尺度については，aとdは順序尺度，eは名義尺度である。

問題2. 友達9人が2チームに分かれてボウリングを行ったところ，スコアが次のように得られた。

　　　　Aチーム（5人）「69, 74, 48, 79, 230」
　　　　Bチーム（4人）「100, 110, 96, 94」

データの型や要約の記載として，正しいのはどれか。3つ選べ。

a) スコアは質的データである。
b) 平均はどちらのチームも100である。
c) 中央値はAチームが74，Bチームが98である。
d) 標本分散はAチームの方がBチームより大きい。
e) 標準偏差はAチームの方がBチームより小さい。

解答　b, c, d
標本分散を計算するとAが4336.4，Bが38である。標準偏差は分散の正の平方根である。そのためdが正しく，eが間違いとなる。

問題3. 次のデータは男子高校生50人の体重(kg)を示すものである。以下の各問に答えよ。

56, 56, 60, 67, 60, 57, 62, 67, 65, 54, 68, 64, 60, 46, 64, 66, 63, 59, 59, 64, 64, 66, 62, 53, 63, 61, 56, 61, 55, 62, 64, 65, 65, 59, 56, 63, 66, 62, 62, 61, 66, 54, 73, 62, 57, 58, 65, 64, 54, 65

イ) 度数分布表を作成せよ。ただし階級の幅は5とし，最初の階級区間を45 kg以上50 kg未満とする。
ロ) イ)で作成した度数分布表からヒストグラムを描け。
ハ) 平均と標本の標準偏差を求めよ。
ニ) 中央値と四分位範囲（IQR）を求めよ。

解答

イ)

階級区間			階級値	度数	相対度数
45 kg 以上	50 kg 未満		47.5	1	0.02
50 〃	55 〃		52.5	4	0.08
55 〃	60 〃		57.5	11	0.22
60 〃	65 〃		62.5	21	0.42
65 〃	70 〃		67.5	12	0.24
70 〃	75 〃		72.5	1	0.02
合計				50	1.00

ロ)

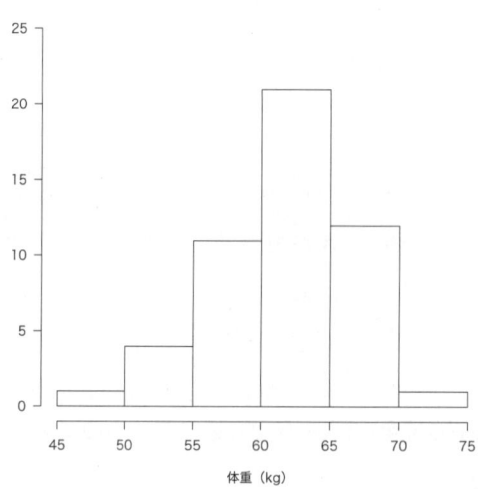

ハ) 平均 61.2,標本の標準偏差 4.78

ニ) 中央値 62,四分位範囲 7(第 1 四分位点 58,第 3 四分位点 65)

第1章 ● 基礎編

2. 確率・確率分布

KEY WORD 確率変数, 期待値, 分散, 分布関数, 確率関数, 二項分布, ポアソン分布, 幾何分布, 正規分布, 標準正規分布

1. 確率変数と確率分布

1-1. 確率変数と分布関数

1枚のコインを1回投げて表の出る数をXで表す。このとき，Xは0，1という2通りの値を取り得るが，どの値を取るかはコインを投げるという試行の結果によって決まり，0と1という値が出る確率が定まっている。このように，どの値を取るかが試行の結果によって決まり，各値が出る確率が定まっているような変数を確率変数という。確率変数の詳細な定義は数理統計の専門書を参照することとする[1,2]。確率変数Xの取り得る値がx_1，x_2，…，x_nであるとき，Xがある値x_iを取る確率を$P(X = x_i)$と表す。また，確率変数Xがa以上でb以下となる確率は$P(a \leqq X \leqq b)$で表す。

1枚のコインを1回投げる試行では，$X = 0$となるのは，コインが裏の場合なので，その確率は$P(X = 0)$と表せ，$P(X = 0) = 1/2$となる。同様に，$X = 1$となるのは，コインが表の場合なので，その確率は$P(X = 1) = 1/2$と表せる。ただし，コインは1/2の確率で表と裏が出るとする。このように，確率変数の取り得る値とその値を取る確率との対応を確率分布といい，確率分布を表した表を確率分布表という[3]。この例での確率分布$P(X = x) = 1/2$（ただし，$x = 0, 1$）となり，確率分布表は

x	0	1
確率	1/2	1/2

と表せる。

次に確率変数Xについて，ある値以下の確率を表す分布を定義する。このような分布は，分布関数と呼ばれ，次のように定義をする。確率変数Xの分布関数Fxはすべての値xに対して，

第1章 基礎編

$$F_X(x) = P(X \leqq x)$$

として定義される。

分布関数の基本性質を，4つ示す。

(1) すべての実数 x について，$0 \leqq F_X(x) \leqq 1$ が成立つ。

(2) 分布関数は非減少な関数であり，$x_1 < x_2$ であれば，$F_X(x_1) \leqq F_X(x_2)$

(3) $F_X(-\infty) = 0$ であり，$F_X(\infty) = 1$ である。

(4) 分布関数は右連続な関数である。

これら(1)から(4)を満たす関数は，ある確率変数の分布関数であることがいえる[1]。

1-2. 確率関数と確率密度関数

ここでは，確率変数のうちで離散型と連続型と呼ばれるものを扱っていく。確率変数がある範囲の実数全体を取り得るとき，確率変数は連続型であるという。一方で，先の例のように飛び飛びの値を取るとき，その確率変数は離散型という。

$$f_X(x) = P(X=x)$$

1-2-1. 離散型

離散型確率変数の分布は，すべての実数 x について確率関数または確率質量関数

$$f_X(x) = P(X=x)$$

によって示すことができる。もちろん，x が確率変数 X の取り得る値でない場合には，$f_X(x) = 0$ となる。また，確率関数は以下の条件を満たす。

(1) すべての実数 x について，$f_X(x) \geqq 0$ である。

(2) $\sum f_X(x_i) = 1$ である。

また，離散型確率変数の分布関数と確率関数の関係は

$$F_X(u) = \sum_{x_i \in u} f_X(x_i)$$

として与えることができる。したがって，離散型確率変数の確率関数がわかれば，その分布関数もわかることを意味している。

1-2-2. 連続型

確率変数 X について，すべての x で

$$P(X \leq x) = F_X(x) = \int_{-\infty}^{x} f_X(u)du$$

を満たす非負の関数 $f_X(x)$ が存在するとき，確率変数 X を連続型確率変数といい，$f_X(x)$ を確率密度関数という。また，確率密度関数は以下の条件を満たす。

(1) すべての実数 x について，$f_X(x) \geqq 0$ である。
(2) $\int_{-\infty}^{\infty} f_X(u)du = 1$ である。

また，事象 A について，その確率は

$$P(X \in A) = \int_A f_X(x)dx$$

で与えられる。特に，すべての実数 a に対して，$P(X = a) = 0$ となる。

連続型確率変数の分布関数と確率関数の関係は

$$\frac{dF_X(x)}{dx} = f_X(x)$$

として与えることができる。

1-3. 期待値と分散

確率変数の分布，つまりどの値をどのような確率で取るかということは，その分布関数でわかる。また，離散型確率変数であれば確率関数，連続型確率変数であればその確率密度関数によって確率の分布はわかる。本項では，確率変数がどこを中心にどのくらいの広がりを持って分布しているのかということについて考えていく。

1-3-1. 期待値

確率変数の分布の中心の一つの定義として期待値がある。確率変数の期待値（平均値）は

$$E(X) = \sum_i x_i f_X(x_i) \quad \text{（離散型）}, \quad E(X) = \int_{-\infty}^{\infty} x f_X(x)dx \quad \text{（連続型）}$$

と表す。ただし，期待値の右辺が絶対収束の場合に期待値は存在する[1]。

以下に，期待値の基本的な性質を示す。
(1) ある定数 a と b が存在するとき，$E(aX + b) = a E(X) + b$ となる。
(2) $X_1, X_2, \cdots, X_n$ が確率変数のとき，$E(X_1 + X_2 + \cdots + X_n) = E(X_1) + E(X_2) \cdots + E(X_n)$ となる。
(3) 確率変数 $X_1, X_2, ..., X_n$ が互いに独立なとき，$E(X_1 X_2 \ldots X_n) = E(X_1) E(X_2) \cdots E(X_n)$ となる。
(4) 確率変数 X が連続型の場合で，$P(X \geqq 0) = 1$ ならば，

$$E(X) = \int_0^{\infty} [1 - F_X(x)]dx$$

となる。

1-3-2. 分散と標準偏差

分布の広がりを表す指標として，分散および標準偏差がある。確率変数 X の分散は

$$V(X) = E[\{X - E(X)\}^2]$$

として定義され，

$$V(X) = \sum_i [x_i - E(X)]^2 f_X(x_i) \quad (離散型), \quad V(X) = \int_{-\infty}^{\infty} [x - E(X)]^2 f_X(x) dx \quad (連続型)$$

で求めることができる。

確率変数Xの標準偏差は

$$SD(X) = \sqrt{V(X)}$$

で定義される。

　分散は非負の確率変数の期待値なので，0以上の値を取ることがわかる。したがって，標準偏差も0以上の値を取る。分散は期待値のまわりでの分布のばらつきを示しているので，ばらつきが小さければ分散は小さくなり，ばらつきが大きければ分散は大きい値を取る。注意するべきことは，分散は確率変数の取る値の2乗を含むので，分散の単位は実際の確率変数の単位の2乗となっていることである。したがって，実際の単位での分布のばらつきを見たいときには，標準偏差を参照すべきである。

　以下に，分散の基本的な性質を示す。

(1) ある定数aが存在するとき，$P(X = a) = 1$ならば，$V(X) = 0$となる。要するに，確率がある1点に集中しているときは，ばらつきがないことを意味している。
(2) ある定数aとbが存在するとき，$V(aX + b) = a^2 V(X)$となる。この性質を利用すると，$V(X + b) = V(X)$となり，$V(-X) = V(X)$となる。つまり，平行移動や対称移動のように分布の形を変えなければそのばらつきは変わらないので，分散も変わらない[1]。
(3) 分散は確率変数X^2の期待値からXの期待値の2乗を引いた式
$$V(X) = E(X^2) - \{E(X)\}^2$$
で算出ができる。
(4) 確率変数$X_1, X_2, \cdots, X_n$が互いに独立なとき，$V(X_1 + X_2 + \cdots + X_n) = V(X_1) + V(X_2) + \cdots + V(X_n)$となる。

2. 離散型の代表的な分布

2-1. ベルヌーイ分布

(1) 導入

　1つのサイコロを投げて，1の目が出るか否かを観察する実験の結果は2通りである。このように，1回の試行の結果の一方に1を，もう一方に0を対応させる確率変数を定める。このとき，この確率変数はベルヌーイ分布に従うという。

(2) 定義

　確率変数Xが次のような確率関数を持つとき，Xはパラメータpのベルヌーイ分布に

従うという。

$$f_X(x) = \begin{cases} p^x(1-p)^{1-x} & x = 0, 1 \\ 0 & (\text{その他}) \end{cases}$$

(3) 期待値と分散

確率変数 X がベルヌーイ分布に従っているときの期待値と分散は

$$E(X) = p, \; V(X) = p(1-p)$$

となる。

(4) ベルヌーイ試行

先のコイン投げのように，コイン投げを独立に繰り返し投げた場合を考える。この場合，1 回の試行の結果は 2 通り，それぞれの試行は独立，表の出る確率は繰り返しを通して同一，という 3 つのことがいえる。このような 3 つの条件を満たす試行をベルヌーイ試行という。

2-2. 二項分布

(1) 導入

ベルヌーイ試行を n 回繰り返すとき，事象 A が起こる回数を X とすると，X は 0，1，2，$\cdots$，n の値を取る確率変数になる。また，1 回の試行において事象 A の起こる確率を p とする。このとき，$P(X = k)$ はパラメータ n，p の二項分布を基にして計算ができる。

(2) 定義

確率変数 X が次のような確率関数を持つとき，X はパラメータ n，p の二項分布に従うという。

$$f_X(x) = \begin{cases} \binom{n}{x} p^x (1-p)^{n-x} & x = 0, 1, 2, \cdots, n \\ 0 & (\text{その他}) \end{cases}$$

ただし，n は正の整数で，p は 0 以上で 1 以下とする。

(3) 期待値と分散

確率変数 X がパラメータ n，p の二項分布に従うときの期待値と分散は

$$E(X) = np, \; V(X) = np(1-p)$$

となる。

(4) 再生性

確率変数 $X_1, X_2, \cdots, X_k$ が互いに独立で，X_i がパラメータ n_i，p の二項分布に従うとき，$X_1 + X_2 + \cdots + X_k$ はパラメータ $n_1 + n_2 + \cdots + n_k$，p の二項分布に従う。このように，独立な確率変数が存在し，その和もまた同じ分布に従うことを，再生性という。

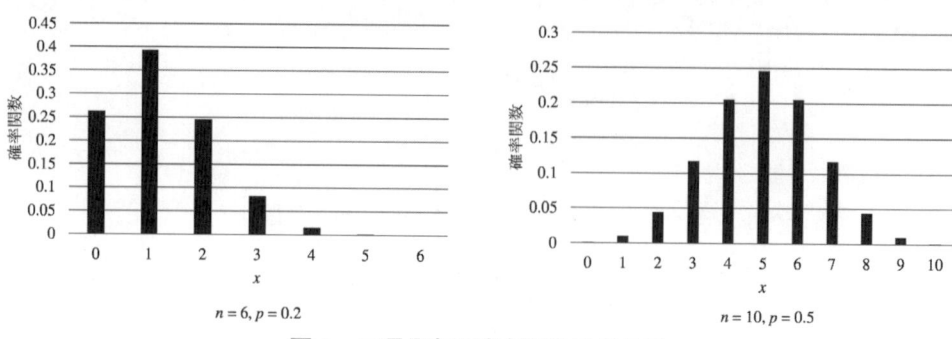

図1. 二項分布の確率関数のグラフ

(5) 分布形

図1には，$n=6, p=0.2$ と $n=10, p=0.5$ の二項分布のグラフを示した。$n=10, p=0.5$ の二項分布は $x=5$ の確率が最大となり，左右対称の分布になることがわかる。二項分布では n を固定し $p=0.5$ のときや，p を固定し n を大きくしたときに，分布は左右対称の形になる。

2-3. ポアソン分布

(1) 導入

離散型の分布で，期待値と分散が同じ場合の分布として，ポアソン分布がある。

(2) 定義

確率変数 X が次のような確率関数を持つとき，X はパラメータ λ のポアソン分布に従うという。

$$f_X(x) = \begin{cases} \dfrac{e^{-\lambda}\lambda^x}{x!} & x=0, 1, 2, \cdots \\ 0 & (その他) \end{cases}$$

ただし，$\lambda > 0$ とする。

(3) 期待値と分散

確率変数 X がパラメータ λ のポアソン分布に従うときの期待値と分散は

$$E(X) = \lambda, V(X) = \lambda$$

となる。ポアソン分布では期待値と分散は同じとなる。一見ポアソン分布に従うようなデータが得られた場合でも，期待値と分散が一致しない場合がある。

(4) 再生性

確率変数 $X_1, X_2, \cdots, X_n$ が互いに独立で，X_i がパラメータ λ_i のポアソン分布に従うとき，$X_1 + X_2 + \cdots + X_n$ はパラメータ $\lambda_1 + \lambda_2 + \cdots + \lambda_n$ のポアソン分布に従う。

(5) ポアソン分布と二項分布の関係

n を正の整数とし，$0 < p < 1$ として $\lambda = np$ のとき，$np = \lambda$ が一定であるように，n を無

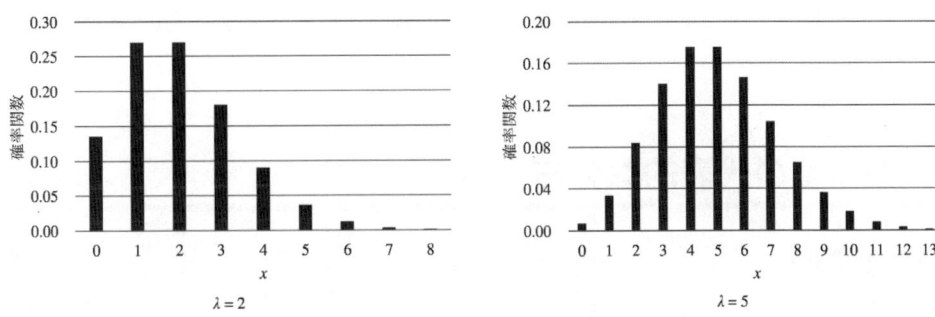

図2. ポアソン分布の確率関数のグラフ

限大に，p を 0 に近づけると，

$$\binom{n}{k} p^k (1-p)^{n-k} \to \frac{e^{-\lambda} \lambda^k}{k!} \quad k = 0, 1, 2, \cdots, n$$

となる。要するに，パラメータ n, p の二項分布はパラメータ np のポアソン分布で近似できるということである。

(6) 分布系

図2には，$\lambda = 2$ と $\lambda = 5$ のポアソン分布を示した。

2-4. 幾何分布

(1) 導入

成功の確率が p で，失敗の確率が $1 - p$ のベルヌーイ試行において，初めて成功するまでのベルヌーイ試行の回数を X とすると，確率変数 X は幾何分布に従う。なお，初めて成功するまでの失敗回数の分布も幾何分布に従う。本節では，前者を扱うこととする。

(2) 定義

確率変数 X が次のような確率関数を持つとき，X はパラメータ p の幾何分布に従うという。

$$f_X(x) = \begin{cases} p(1-p)^{x-1} & x = 1, 2, \cdots \\ 0 & （その他） \end{cases}$$

ただし，p は 0 以上で 1 以下とする。

(3) 期待値と分散

確率変数 X がパラメータ p の幾何分布に従うときの期待値と分散は

$$E(X) = 1/p, \quad V(X) = (1-p)/p^2$$

となる。

(4) 基本性質：幾何分布と負の二項分布の関係

確率変数 $X_1, X_2, \cdots, X_n$ が互いに独立で，X_i がパラメータ p の幾何分布に従うとき，X_1

$+X_2+\cdots+X_n$ はパラメータ n, p の負の二項分布に従う。負の二項分布に関しては参考文献を参照されたい[1]。

3. 連続型の代表的な分布

3-1. 正規分布

(1) 導入

正規分布は，統計学で最も用いられる重要な連続型の分布である。自然科学や社会科学における多くの不確実な現象がこの分布にあてはまるばかりではなく，多くの統計解析手法の理論的背景には正規分布を仮定した手法が多い。

(2) 定義

確率関数 X が次の確率密度関数を持つとき，確率関数 X はパラメータ μ と σ^2 の正規分布に従うという。

$$f_X(x)=\frac{1}{\sqrt{2\pi\sigma^2}}\exp\left[-\frac{1}{2\sigma^2}(x-\mu)^2\right] \quad -\infty<x<\infty$$

ただし，$-\infty<\mu<\infty$ で，$0<\sigma^2$ とする。また，確率関数 X はパラメータ μ と σ^2 の正規分布に従うとき，$X \sim N(\mu, \sigma^2)$ と表すことが多い。

(3) 期待値と分散

確率変数 X がパラメータ μ と σ^2 の正規分布に従うとき，確率変数の期待値と分散は

$$E(X)=\mu, \quad V(X)=\sigma^2$$

となる。

(4) 分布系

図3には，パラメータ $\mu=0$ と $\sigma^2=0.5$ と $\mu=0$ と $\sigma^2=1.0$ の正規分布の確率密度関数を示した。正規分布の確率密度関数は μ で対象であり，$\mu\pm\sigma^2$ で変曲点である。また，$\mu=0$ と $\sigma^2=1.0$ の正規分布を標準正規分布という。標準正規分布に関しては，後述の「3-2.

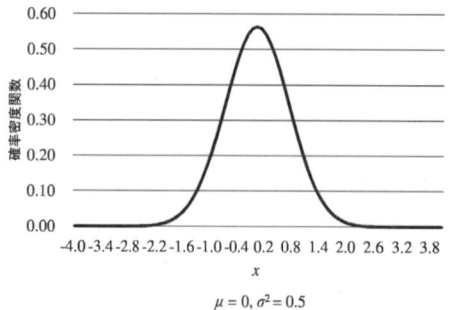
$\mu=0, \sigma^2=0.5$

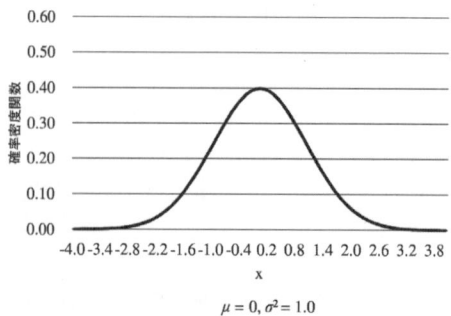
$\mu=0, \sigma^2=1.0$

図3. 正規分布の確率関数のグラフ

標準正規分布」で取り上げる。

(5) 期待値と分散の性質

確率関数 X はパラメータ μ と σ^2 の正規分布に従うとき，$aX + b$ の期待値と分散は

$$E(aX + b) = a\mu + b, \quad V(aX + b) = a^2\sigma^2$$

となり，$aX + b$ も正規分布に従う。

(6) 再生性

確率変数 $X_1, X_2, \cdots, X_n$ が互いに独立で，X_i がパラメータ μ_i と σ_i^2 の正規分布に従うとき，$X_1 + X_2 + \cdots + X_n$ はパラメータ $\mu_1 + \mu_2 + \cdots + \mu_n$，$\sigma_1^2 + \sigma_2^2 + \cdots + \sigma_n^2$ の正規分布に従う。

3-2. 標準正規分布

(1) 導入

正規分布の中でも特徴的な分布が標準正規分布である。正規分布の期待値が 0，分散が 1 の場合，その分布は標準正規分布という。

(2) 定義

確率関数 X が次の確率密度関数を持つとき，確率関数 X は標準正規分布に従うという。

$$f_X(x) = \frac{1}{\sqrt{2\pi}} \exp\left(-\frac{x^2}{2}\right) \quad -\infty < x < \infty$$

確率関数 X が標準正規分布に従っているとき，$X \sim N(0, 1)$ と表すことが多い。また，標準正規分布の確率密度関数を ϕ で，分布関数を Φ で表すことが多い。

(3) 確率計算

分布関数 $\Phi(x)$ の値は数値積分により求めることができるが，巻末の「標準正規分布表」を用いることで求めることが一般的である。本表には

$$\Phi(x) = P(X \leq x) = \int_{-\infty}^{x} \frac{1}{\sqrt{2\pi}} \exp\left[-\frac{u^2}{2}\right] du$$

の値を示している。また，Excel の組み込み関数でも容易に計算ができる。

この表を用いることで，確率の計算が容易にできる。たとえば，確率変数 X が標準正規分布に従うとき，

(a) $P(X \leq 1.29) = \Phi(1.29) = 0.902$

(b) $P(0.61 \leq X \leq 1.29) = P(X \leq 1.29) - P(X \leq 0.61) = \Phi(1.29) - \Phi(0.61) = 0.173$

(c) $P(X > 1.64) = 1 - P(X \leq 1.64) = 1 - \Phi(1.64) = 0.050$

として算出できる。

(4) 正規分布の標準化

確率変数 X がパラメータ μ と σ^2 の正規分布に従っているとき，

$$Z = \frac{(X - \mu)}{\sigma}$$

は標準正規分布に従う．この性質を使うことで，下記のように確率計算が容易にできる．確率変数 X は期待値が 4, 分散が 4 の正規分布に従っている．このとき，$P(X \leqq 5) = P(Z \leqq (5-4)/2) = \Phi(1/2) = 0.692$ となる．

■参考文献
1) 野田一雄, 宮岡悦良：入門・演習数理統計, p.35, p.117, 共立出版, 1990
2) Hogg VH, McKean JW, Craig AT：Introduction to Mathematical Statistics. Pearson Education International, 2005
3) 髙遠節夫, 斎藤斉, ほか 4 名：新訂 確率統計, p.55, 大日本図書, 2005
4) 蓑谷千凰彦：統計分布ハンドブック, 朝倉書店, 2010

問題と解答

問題 1. 1 つのサイコロを 4 回投げるとき，2 以上の目の出る回数を X とする．X はどのような確率分布に従うかを示し，その確率分布表を作れ．

解答

確率変数 X はパラメータ $n = 4$, $p = 5/6$ の二項分布に従う．したがって，確率関数は

$$f_X(x) = \binom{4}{x}\left(\frac{5}{6}\right)^x \left(1 - \frac{5}{6}\right)^{4-x}$$

となる．このことから，確率分布表は次のようになる．

x	0	1	2	3	4
$P(X = x)$	1/1296	20/1296	150/1296	500/1296	625/1296

問題 2. 確率変数 X の確率密度関数が

$$f_X(x) = \begin{cases} k(2x - x^2) & 0 \leq x \leq 1 \\ 0 & (\text{その他}) \end{cases}$$

で与えられるとき，次の問いに答えよ．

(1) 定数 k を求めよ．
(2) 確率変数 X が 1/2 以上で，3/2 以下となる確率を求めよ．
(3) 確率変数 X の期待値と分散を求めよ．

解答

(1) $\int_0^1 k(2x-x^2)dx = 1$ となることが必要十分条件である。定積分の解より，$k = 3/2$ となる。

(2) $k = 3/2$ を確率密度関数に代入して，$P(1/2 \leqq X \leqq 3/2)$ を導くと，確率は 11/16 となる。

(3) 期待値と分散の定義より

$$E(X) = \int_0^1 \frac{3}{2}x(2x-x^2)dx = \frac{5}{8}, \quad V(X) = \frac{9}{20} - \left(\frac{5}{8}\right)^2 = \frac{19}{320}$$

となる。

問題 3. 確率変数 Z が標準正規分布に従うとき，次の確率を求めよ。

(1) $P(Z \leqq 1.37)$

(2) $P(Z > 1.25)$

(3) $P(-2 < Z < 2)$

(4) $P(|Z| < 1.645)$

解答

(1) 標準正規分布表から z=1.37 となる確率を求めることで，$P(Z \leqq 1.37) = 0.915$

(2) $P(Z > 1.25) = 1 - P(Z < 1.25) = 1 - 0.894 = 0.106$

(3) $P(-1 < Z < 1) = \{P(Z < 1) - 0.5\} \times 2 = 0.683$

(4) $P(|Z| < 1.65) = P(-1.65 < Z < 1.65) = \{P(Z < 1.65) - 0.5\} \times 2 = 0.900$

※（3）と（4）は標準正規分布が 0 を中心として対称なので，その性質を利用することで導くことができる。

第1章 ● 基礎編

3. 推定

KEY WORD 標本，母集団，標本平均，標本分散，点推定，区間推定，信頼区間，不偏

1. はじめに

　第1章「1. データの型と分布，要約」では，得られたデータをどのように要約するかを学んだ。これは，得られたデータを集約して，そこから必要な情報を抽出するための処理であり，重要なものである。さらに「2. 確率・確率分布」では確率分布について学び，データがある確率分布に従う場合，どのような値がどのくらいの確率で得られるのかについて学んだ。

　一方，実際にデータを収集した際には，その得られたデータからどのようなことがいえるのかが重要なことが多い。たとえば，臨床試験では試験参加に同意していただいた患者さんに新薬を服用してもらい，投与後のデータを収集する。その目的は新薬の効果がどの程度かを知ることであり，得られたデータから推測することになる。

　本節では，その方法論を統計学的な用語の解説も踏まえて紹介する。

2. 母集団と標本（図1）

　はじめに，どのようなデータがあれば薬の効果を表すことができるのかについて考えてみる。薬の効果は平均などで表現されることが多い。たとえば血圧を低下させることで高血圧を治療する降圧薬の場合，患者さんの血圧を平均的にどの程度低下させるのかに主な興味があるであろう。ここでの「患者さん」は，その薬が投与される可能性がある患者さん全体，たとえばすべての高血圧の患者さんを表す。これを知るための最も単純な方法は，すべての高血圧の患者さんに薬を服用してもらい，その血圧低下量の平均を計算すれば良い。しかしながら，国内だけで800万人いるといわれている高血圧の患者さん全員に，薬を服用してもらうのは現実的ではないことは明らかである。そこで実際には，一部の患者さんに臨床試験に参加してもらい，その参加者の中で血圧がどの程

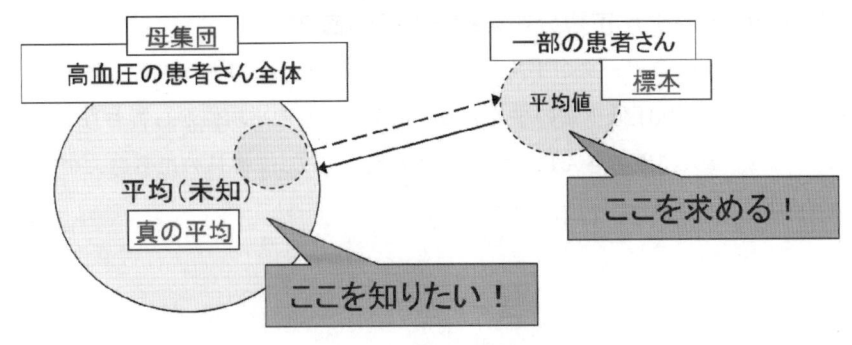

図1. 標本と母集団

度低下したかを調べ，そこからすべての患者さんでの効果を推測することになる。

以上を統計学的な用語で言い換えると，私たちが興味を持つ集団の全体を**母集団**（population）という。そして，母集団からその一部を無作為に抽出し，それを分析して，母集団について推測することになる。これを**統計学的推測**（statistical inference）と呼び，その過程で抽出された母集団の一部を**標本**（sample）と呼ぶ。先の例では，母集団はすべての高血圧の患者さん，標本は臨床試験に参加した患者さんの集合を表す。

3. 推定とは

統計学的推測では，母集団においては個々のデータが得られる確率は，ある確率分布に従っていると想定することが多い。たとえば血圧の低下量であれば，前節で学んだ正規分布に従うと想定するであろう。正規分布は平均 μ と分散 σ^2 で定まるので，これらの値が推測できれば母集団での確率分布が決まることになる。統計的推測では μ や σ^2 のように母集団の確率分布を決定する定数を求めることが目的となり，これらの定数を**パラメータ**（parameter）と呼ぶ。μ と σ^2 を「真」の平均や「真」の分散と呼ぶこともある。これらのパラメータについて，手持ちの標本のデータから推測することを**推定**（estimation）と呼び，実際に標本データを使い推定された値を**推定値**（estimate）と呼ぶ。

推定値はしばしば，推定したいパラメータに ^（ハット）を付けたもので表される。たとえば，μ と σ^2 についての推定値は $\hat{\mu}$ と $\hat{\sigma}^2$ で表されることが多い。先の例であれば，患者さんすべてに降圧薬を投与したときの，血圧低下量の平均値を知りたい。よって知りたい値は μ である。これを手持ちの標本のデータを使って $\hat{\mu}$ を計算することで，μ を推測することになる。

4. 点推定

パラメータを1つの値で推定する方法を**点推定**（point estimation）と呼ぶ。以下では具体的な点推定の方法について述べる。

4-1. 母集団のデータが正規分布に従う場合（図2）

　母集団の血圧低下量のデータが平均 μ，分散 σ^2 の正規分布に従う場合を考える。このとき，母集団における血圧低下量の平均 μ の推定を，標本の平均値から行おうと考えるのは自然であろう。n 人の患者さんに薬が投与されたとして，i 番目の患者さんでの血圧低下量を $X_i (1 \leq i \leq n)$ とすると，標本の平均 $\bar{X}$ は

$$\bar{X} = \frac{\sum_{i=1}^{N} X_i}{n}$$

から得られる。この値をもって平均 μ の推定値とする。すなわち $\hat{\mu} = \bar{X}$ である。

　しかし，同じ母集団から抽出した標本であっても，無作為抽出を複数回行い，そのたびに点推定を行った場合，推定値がそのつど異なることが考えられる。つまり，同じ母集団から抽出した標本であっても，そこから得られる推定値はばらつくことになる。無作為抽出が正しく行われているのであれば，推定値は母数を中心にばらつく。そのため，このように推定される値についても標準偏差を考えることができる。推定される値の標準偏差を**標準誤差**（standard error）と呼ぶ。

　ここまでは，母集団のデータが正規分布に従う場合の平均の推定について標本平均を用いて推定すること，無作為抽出を繰り返すことでその値がバラツくことを述べてきた。では，標本平均 $\bar{X}$ を用いて，母集団の平均 μ を推定することは適切なのであろうか。標本平均 $\bar{X}$ の期待値を計算して考えてみよう。標本に含まれる患者さん一人ひとりのデータ X_i は，平均 μ，分散 σ^2 の正規分布に従う。すなわち $E[X_i] = \mu$ である。これを用いて標本平均 $\bar{X}$ の期待値は

$$E[\hat{\mu}] = E[\bar{X}] = E\left[\sum_{i=1}^{n} \frac{X_i}{n}\right] = \frac{\sum_{i=1}^{n} E[X_i]}{n} = \frac{\sum_{i=1}^{n} \mu}{n} = \frac{\mu n}{n} = \mu$$

となり，μ と一致する。すなわち，標本平均の期待値は推定したいパラメータの値と等し

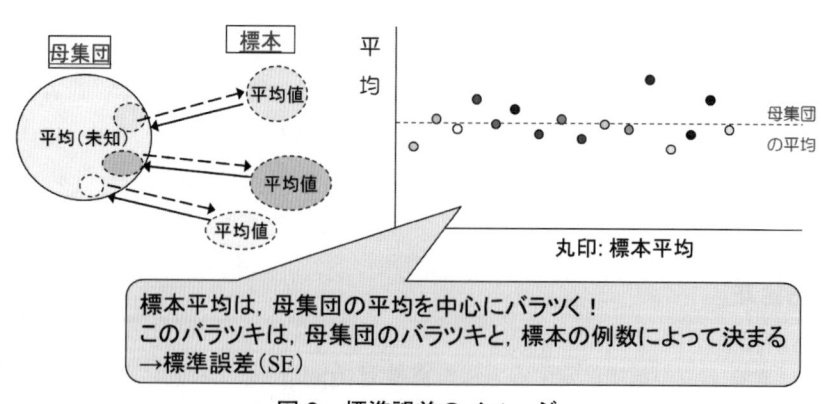

図2．標準誤差のイメージ

くなっており，標本平均を用いて母集団の平均を推定することが，ある程度適切であるとがわかるであろう。このように推定に用いる値の期待値が，推定するパラメータの値と等しくなる性質を**不偏**と呼ぶ。

一方，標本平均のばらつきはどうだろうか。患者さん一人ひとりのデータは独立であるため，平均の推定値 $\hat{\mu}$ の分散は

$$Var[\hat{\mu}] = Var[\bar{X}] = Var\left[\sum_{i=1}^{n}\frac{X_i}{n}\right] = \frac{\sum_{i=1}^{n}Var[X_i]}{n^2} = \frac{\sum_{i=1}^{n}\sigma^2}{n^2} = \frac{n\sigma^2}{n^2} = \frac{\sigma^2}{n}$$

となる。$\hat{\mu}$ の標準偏差はこの平方根を取ったものであり，これが先ほど述べた標準誤差に対応する。すなわち，母集団が正規分布に従うデータで，標本平均の標準誤差は

$$標準誤差 = \frac{\sigma}{\sqrt{n}}$$

で与えられることがわかる。式を見てわかる通り，標準誤差は標本に含まれるデータ数と母集団のばらつき（標準偏差）に依存する。すなわち，標本に含まれるデータ数 n が多くなるほど，または標準偏差が小さくなるほど標準誤差は小さくなる。これは推定値のばらつきが小さくなる，すなわち推定値がより真の平均値に近い値を取る確率が高くなり，推定の精度が上がることを示している。

一方，分散についての推定値，すなわち標本分散では一般的に以下の式で与えられる。

$$\hat{\sigma}^2 = S^2 = \frac{\sum_{i=1}^{n}(X_i - \bar{X})^2}{n-1}$$

分母が *n-1* である点に注意していただきたい。平均の推定と同じように，標本での単純な分散すなわち $\sum_{i=1}^{n}(X_i - \bar{X})^2 / n$ で，母集団の分散を推定すれば良いと考えるかもしれない。しかし，この期待値は

$$E\left[\frac{\sum_{i=1}^{n}(X_i - \bar{X})^2}{n}\right] = \frac{n-1}{n}\sigma^2$$

となり，不偏ではないことがわかる。一方，$S^2 = \sum_{i=1}^{n}(X_i - \bar{X})^2 / (n-1)$ の期待値は

$$E[S^2] = E\left[\frac{\sum_{i=1}^{n}(X_i - \bar{X})^2}{n-1}\right] = \sigma^2$$

となり不偏である。そのため，S^2 が分散の推定に通常用いられる。また，標準偏差 σ については $\sqrt{S^2}$ で推定し，標準誤差については $\sqrt{S^2}/\sqrt{n}$ で推定する。

4-2. 母集団のデータが二項分布に従う場合

ここまでは血圧低下量の場合を考え，母集団のデータが正規分布に従うと仮定してきた．高血圧の治療薬の効果の指標として測定される項目によっては，母集団の分布が他の確率分布に従うと考える場合もあるであろう．たとえば血圧を連続値として捉えるのではなく，25mmHg以上低下すれば有効，そうでなければ無効とする二値応答の場合を考える．その場合，n 人の患者さんのうち有効の患者数 X は，母集団において治療が有効な患者さんの割合を p とすると二項分布 $Bi(n, p)$ に従うと考えられる．ここで p を n 人の患者さんに占める有効の患者さんの数の割合として推定することは自然であろう．すなわち

$$\hat{p} = \frac{X}{n}$$

である．標本に含まれるデータの数が n の臨床試験において，有効となる患者数 X の期待値は

$$E[X] = np$$

で表される．これを式変形すると

$$E\left[\frac{X}{n}\right] = p$$

となるので $\hat{p}$ を用いて，母集団で治療が有効な患者さんの割合について推定を行えば不偏となることがわかる．

5. 区間推定

5-1. 区間推定とは（図3）

ここまでは，母数を1つの値で推定する点推定について述べてきた．しかしながら，前項でも述べた通り，推定される値にはばらつきが伴うので誤差が生じる．そこで，点推定のように1つの値でのみ推定を行うのではなく，誤差も考慮に入れた推定の方法がある．このような方法を**区間推定**（interval estimation）と呼び，ある程度幅を持たせて推定を行う．区間推定によって算出された区間を**信頼区間**（confidence interval）と呼ぶ．

区間推定を行う場合には，まず信頼係数を設定することが必要になる．信頼係数は，標

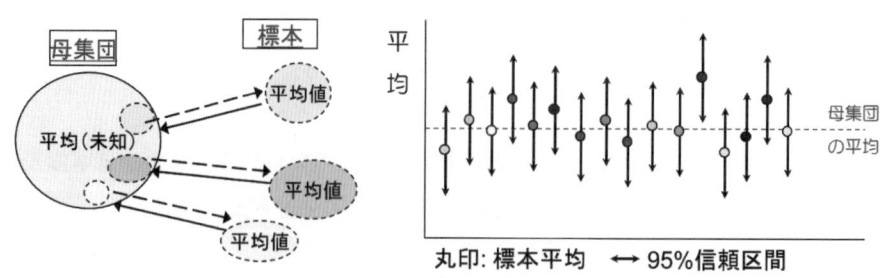

図3. 95%信頼区間のイメージ

本から無作為抽出を繰り返し行い，それぞれの標本から算出された信頼区間がどの程度の確率で，パラメータの値を含んでいるかを表すものである。この信頼係数には慣例的に 95% が用いられることが多く，この信頼係数に基づく信頼区間を **95% 信頼区間**と呼ぶ。95% 信頼区間は，標本から無作為抽出を繰り返し行い，それぞれの標本で 95% 信頼区間を算出した場合に，これらの信頼区間の 95% 以上が真の値を含んでいることを表す。

5-2. 母集団のデータが正規分布に従う場合

実際に，母集団が正規分布に従う場合の平均 μ の区間推定について考える。結論からいうと 95% 信頼区間は以下で与えられる。

$$95\%信頼区間 = 標本平均 \pm t_{0.025}^{n-1} \times 標準誤差の推定値$$

$$= \bar{X} \pm t_{0.025}^{n-1} \times \hat{\sigma}/\sqrt{n}$$

（n は標本に含まれるデータの数）

右辺の $t_{0.025}^{n-1}$ は自由度 $n-1$ の t 分布の上側 2.5% の確率点を表す。この値は標本に含まれるデータの数 n によって変わるが，おおよそ 2 に近い値を取る。t 分布についてより詳細な理解をしたい方は，竹内ら（2003）の 8 章を参照されたい。式を見てわかる通り，平均 μ の 95% 信頼区間は標本平均を中心とした区間になる。95% 信頼区間の幅が狭いほど，推定の精度が高いことになる。たとえば 2 つの 95% 信頼区間，[10, 20] と [14.9, 15.1] について，後者のほうが平均の範囲が絞れていることがわかるだろう。標準誤差が小さくなればなるほど，95% 信頼区間の幅は狭くなる。特に，標本に含まれるデータの数 n が多いほど標準誤差は小さくなるので，推定の精度が上がることを示している。

たとえば，それぞれ 10 例と 10000 例の患者が参加した 2 つの臨床試験から得られた血圧低下量の平均の対する点推定値があり，それら 2 つの値は異なっていたとする。その場合，どちらの点推定値がより信頼性が高いと考えられるだろうか。直感的に，より多くの患者のデータから算出された推定値が，より信頼性が高いと考えられるだろう。しかしながら点推定値にしてしまうと，1 つの値のみが報告されてしまうので，そういった信頼性に関する情報は失われてしまっている。区間推定では信頼性についての情報も加味した値を算出していることになる。

5-3. 母集団のデータが二項分布に従う場合

今度は，4-2 でも述べた薬が有効な患者さんの割合 p の場合のように，母集団のデータが二項分布 $Bi(n, p)$ に従う場合の p についての区間推定について考える。有効割合の 95% 信頼区間は以下で与えられる。

$$95\%\text{信頼区間} = \text{標本での有効割合} \pm 1.96 \times \text{標準誤差の推定値}$$

$$= \hat{p} \pm 1.96 \times \sqrt{\hat{p}(1-\hat{p})/n}$$

この式は，母集団のデータが二項分布に従うときには，標本に含まれるデータが十分に多いときに$\hat{p}$が正規分布に従うことを利用して導出されたものである。1.96は標準正規分布の上側2.5%の確率点を表す。$\sqrt{\hat{p}(1-\hat{p})/n}$は二項分布に従うデータの$\hat{p}$の標準誤差の推定値である。標本に含まれるデータの数が多くなると，標準誤差が小さくなり信頼区間の幅が狭くなることは，5-2と同じである。

6. 実例

実際に，30人の患者さんが参加した降圧薬Aの臨床試験の場合を考える。30人の患者さんの血圧低下量は以下の通りであった。

-6	-12	-36	-40	-31	-25	-40	-29	-32	-16
-39	-24	-22	-28	-15	-27	-24	-8	-32	-24
-56	-21	-30	-38	-28	-29	-13	-41	-29	-38

単位はmmHg

i番目の患者さんでの血圧低下量を$x_i (1 \leq i \leq 30)$とする。この30人の患者さんでの標本平均$\bar{x}$と標本分散s^2，標準偏差s，標準誤差はそれぞれ

$$\bar{x} = \frac{\sum_{i=1}^{30} x_i}{30} = -26.9 \quad s^2 = \frac{\sum_{i=1}^{30}(x_i - \bar{x})^2}{30-1} = \frac{\sum_{i=1}^{30}(x_i - (-26.9))^2}{29} = 92.6$$

$$s = \sqrt{92.6} = 9.6, \quad \text{標準誤差} = \frac{\sqrt{92.6}}{\sqrt{30}} = 1.76$$

となる。平均の点推定値は標本平均で与えられるので-26.9である。一方，平均の95%信頼区間は5-2より

$$95\%\text{信頼区間} = \text{標本平均} \pm t_{0.025}^{n-1} \times \text{標準誤差}$$

で与えられた。いまnは30なので，$t_{0.025}^{n-1}$は自由度29のt分布の上側2.5%の確率点を表し，その値は2.04となる。すなわち，95%信頼区間は-26.9 ± 2.04 × 1.76より[-30.5, -23.3]となる。

一方，同じく高血圧の患者さんを対象に，降圧薬Aの効果を調べた100人の臨床試験があったとする。データは以下の通りだったとする。

-45	-26	-29	-27	-25	-24	-30	-19	-48	-13
-32	-26	-27	-21	-40	-17	-45	-20	-17	-40
-26	-31	-36	-29	-16	-28	-24	-27	-30	-11
-22	-28	-22	-18	-28	-16	-21	-39	-35	-38
-17	-41	-9	-32	-21	-57	-44	-37	-32	-46
-34	-20	-20	-25	-27	-42	-27	-32	-23	-29
-24	-34	-32	-26	-24	-45	-28	-24	-30	-25
-31	-31	-15	-18	-36	-33	-9	-20	-14	-31
-25	-44	-16	-34	-22	-16	-14	-27	-3	-36
-30	-29	-49	-26	-15	-38	-34	-13	-46	-20

単位は mmHg

このときの標本平均 $\bar{x}$ と標本分散 s^2，標本標準偏差 s，標準誤差はそれぞれ

$$\bar{x} = \frac{\sum_{i=1}^{100} x_i}{100} = -27.8 \quad s^2 = \frac{\sum_{i=1}^{100}(x_i - \bar{x})^2}{100-1} = \frac{\sum_{i=1}^{100}(x_i - (-27.8))^2}{99} = 101.9$$

$$s = \sqrt{101.9} = 10.1, \quad 標準誤差 = \frac{\sqrt{101.9}}{\sqrt{100}} = 1.01$$

となる。n は 100 なので，$t_{0.025}^{n-1}$ は自由度 99 の t 分布の上側 2.5% の確率点を表し，その値は 1.98 となる。以上より 95% 信頼区間は -27.8 ± 1.98 × 1.01 より [-29.8, -25.8] となる。この 2 つのデータはいずれも，平均 -28，標準偏差 10 の正規分布から発生させたデータである。いずれの信頼区間も真の平均値 -28 を含んでいるが，95% 信頼区間は 30 例のデータよりも 100 例のデータのほうが狭くなっているのがわかる。すなわち，より標本に含まれるデータの数が多いほうが，推定の精度が高いことがわかる。

上の 2 つのデータを用いて，血圧の低下が 25mmHg 以上であった患者さんを有効，血圧の低下が 25mmHg 未満であった患者さんを無効だとする場合を考える。先の 30 例のデータでは

無効	無効	有効	有効	有効	有効	有効	有効	有効	無効
有効	無効	無効	有効	無効	有効	無効	無効	有効	無効
有効	無効	有効	有効	有効	有効	無効	有効	有効	有効

となる。4-2 より，有効割合の点推定値 $\hat{p}$ は標本での全患者さんに占める有効例数の割合で与えられるので

$$\hat{p} = \frac{19}{30} = 0.633$$

となる．このとき$\hat{p}$の標準誤差は

$$\sqrt{\frac{\hat{p}(1-\hat{p})}{n}} = \sqrt{\left(\frac{19}{30} \times \frac{11}{30}\right) \Big/ 30} = 0.088$$

となり，95％信頼区間は（標本での有効割合）± 1.96 ×標準誤差より[0.461, 0.806]となる．

一方，100例でのデータでも，同じように有効割合の点推定値$\hat{p}$は

$$\hat{p} = \frac{63}{100} = 0.63$$

となる．このときの標準誤差は

$$\sqrt{\frac{\hat{p}(1-\hat{p})}{n}} = \sqrt{\left(\frac{63}{100} \times \frac{37}{100}\right) \Big/ 100} = 0.048$$

となり，95％信頼区間は（標本での有効割合）± 1.96 ×標準誤差より[0.535, 0.725]となる．有効割合の推定においても連続値の場合と同様に，標本に含まれるデータの数が多いときのほうが信頼区間の幅が狭くなり，推定精度が良くなっていることがわかる．

■参考文献
1）東京大学教養学部統計学教室：統計学入門（基礎統計学），pp. 219-225，東京大学出版会，1991
2）Marcello Pagano, Kimberlee Gauvreau ; Principles of Biostatistics : Duxbury Pr, 2000〔竹内 正弘（訳）：生物統計学入門――ハーバード大学講義テキスト，pp. 155-159，丸善，2003〕

問題と解答

推定に関する以下の文章を読み，問いに記号で答えよ．

高血圧に対する新薬Aの効果を知りたいとする．高血圧の患者さんに対する薬剤の有効性を調べるには，①<u>高血圧の患者さん全員</u>に新薬Aを飲んでもらい，その患者さんでの血圧低下量の平均値を計算すれば良い．しかしながら，高血圧の患者さん全員に，新薬Aを飲んでもらうというのは非現実的である．そこで，新薬Aの効果を調べるために，②<u>一部の高血圧の患者さん</u>に新薬Aを飲んでもらい，高血圧の患者さん全員での効果を推定することになる．

たとえば，10人の患者さんに新薬Aを飲んでもらった際に，血圧が平均20mmHg下がっていたとする．そのとき，一部の患者さんで平均20mmHg下がっていたので，高血圧の

患者さん全員でも平均 20mmHg 下がると推定する。このような推定の仕方を統計用語では イ という。

一方，別に 100 人の患者さんに新薬 A を飲んでもらった際には，血圧が平均 15mmHg 下がっており，10 人の患者さんに投与したときと平均値が異なっていた。このように患者さんが異なることで，得られる平均値もばらつく。この平均値のばらつきを表すものを ロ という。

一般的にデータの数が多いほうが，推定の信頼性が高いと思われる。しかしながら，平均値で 1 つの値にまとめてしてしまうと，信頼性が表現できない。そこで ハ を行うことで，推定の信頼性を表現する。

ハ で用いられるものとして，代表的なものに 95% 信頼区間がある。

問 1. 下線①，②は，統計用語で表すとそれぞれ何というか。適切な組み合わせを a～d のうちから，1 つ選べ。

a) ① 完全集団　② 推定集団　　b) ① 完全集団　② 標本
c) ① 母集団　　② 推定集団　　d) ① 母集団　　② 標本

解答　d
本節 2 項を参照。

問 2. イ，ロ，ハに入る単語として適切な組み合わせはどれか。1 つ選べ。

	イ	ロ	ハ
a	点推定	標準偏差	区間推定
b	点推定	標準誤差	区間推定
c	区間推定	標準偏差	点推定
d	区間推定	標準誤差	点推定

解答　b
本節 4 項，5 項を参照。

第1章 基礎編

問 3. 95%信頼区間に関する記述の正誤について，正しい組み合わせはどれか。a～d のうちから 1 つ選べ。

イ．無作為抽出を繰り返し行って計算したとき，100 回に 95 回以上は母平均の値を含んでいると判断する範囲である。

ロ．一般的には例数が増えると，標準誤差が小さくなり，信頼区間が狭くなる。

ハ．血圧のような連続値のデータと，有効率といった割合のデータでは，95%信頼区間の計算式は異なる。

	イ	ロ	ハ
a	正	正	正
b	正	誤	正
c	正	正	誤
d	誤	正	正

解答　a

本節 5 項を参照。

第1章●基礎編

4. 検定 I
（統計学的検定とは）

KEY WORD 統計学的仮説検定，帰無仮説，対立仮説，有意水準，*P* 値，両側検定，片側検定，検定統計量，検出力，標本サイズ

1. はじめに

　第 1 章「3. 推定」では，得られたデータから，私たちが知りたい値（たとえば降圧薬における血圧低下量の平均値）を推定する方法を学んだ．その中で，1 つの値で推定する点推定，幅を持たせて推定する区間推定について学んだ．一方で，知りたい値について，データに基づいて判断を下したいことも多いであろう．たとえば臨床試験であれば，新薬の効果の有無について試験で集められたデータから判断を下すことが重要である．そういった判断をするための一つの手法として，**統計学的仮説検定**（statistical hypothesis testing）（以下，「検定」）がある．

　本節では，この検定についての一般的な流れを紹介する．

2. コイン投げ

　ここでは検定の考え方を学ぶため，コイン投げの例を挙げる．通常，コインを投げた場合，表と裏が出る確率は等しくそれぞれ 1/2 ずつである．しかし，歪んだコインや，意図的に何らかの加工がされたコインを投げる場合，表と裏の出る確率は 1/2 とは限らない．ここでは手持ちのコインについて，表が出る確率が 1/2 なのかを調べるために，実際にコインを 10 回投げて調べる場合を考える．10 回投げた結果として表が 9 回出たとする．表が出る確率が 1/2 のコインであれば，10 回投げたときに表が出る回数は 5 回程度になる可能性が高い．しかし，実際にコインを投げてみたときに表が出た回数は 9 回であり，5 回よりもやや多い結果であった．このとき，「本当にこのコインは表が出る確率が 1/2 なのであろうか？」「このコインは表が出やすいコインなのではないか？」と疑問を持つであろう．そこで表が出る確率が 1/2 のコインを 10 回投げてみて，今回観測された 9 回も

しくはそれ以上表が出る確率を計算してみる。するとその確率は

$$\text{表が10回出る確率} \quad {}_{10}C_{10}\left(\frac{1}{2}\right)^{10} \approx 0.001$$

$$\text{表が9回出る確率} \quad {}_{10}C_{9}\left(\frac{1}{2}\right)^{9}\left(\frac{1}{2}\right)^{1} \approx 0.010$$

となり，1.1%程度しかないことがわかる。

　この結果の解釈には2つのものの考え方があるであろう。1つ目は，表が出る確率は1/2のコインだが，1.1%程度の確率でしか起こらないことが偶然に起きたという考え方である。そして2つ目は，1.1%という極めて小さい確率でしか起こらないことが起きたということは，そもそも「表が出る確率が1/2のコインである」という前提が誤っているという考え方である。

　さて，この場合どちらと考えるのが自然であろうか。おそらく1.1%のことはめったに起きないので，後者と考えるほうが自然であろう。つまり，表が出る確率が1/2のコインだとするとめったに起きないことが起こったので，表が出る確率は1/2ではない，すなわち表が出やすいコインであると結論づけるのが自然である。この一連の考え方は，これから述べる検定の基本的な考え方として考えることができる。

3. 検定の流れ（図1）

　先ほどのコイン投げの例をもとに，検定の流れを紹介する。私たちが主張したいことは「表が出やすいコインである」ことであった。そのために，「表が出る確率が1/2のコインである」と想定したもとで実際に表が出た回数，もしくはその回数を超えて表が出る確率を計算した。そしてその確率がかなり小さかったため，表が出る確率は1/2ではない，すなわち表が出やすいコインであると結論づけた。

　実際の検定でも同じ流れで考えていく。まずデータを取る前に，どのような仮説を主張したいのかについて考える。その仮説を主張するために，まず主張したい仮説と逆の仮説，つまり否定したい仮説を考える。統計学の用語では主張したい仮説を**対立仮説**（alternative hypothesis），否定したい仮説を**帰無仮説**（null hypothesis）と呼ぶ。そして帰無仮説のもとで，実際に得られたデータはどのくらいの確率で得られるのか計算する。このとき得られた確率を***P*値**（*P* value）と呼ぶ[1]。その確率（*P*値）が十分に低い場合，帰無仮説のもとではめったに起こらないデータである，すなわち帰無仮説が誤っていたとして考え，帰無仮説と逆の仮説である対立仮説が正しいと結論づける。

　ここで，確率が十分に低い場合と述べたが，*P*値がどの程度小さいときにめったに起こらないデータと考えるのか，その基準は事前に決めておく必要がある。この基準を**有意水準**（significance level）と呼ぶ。事前に設定した有意水準よりも*P*値のほうが小さければ，

```
1. 帰無仮説と対立仮説（両側か片側か）の設定
2. 有意水準の設定                           事前
   ─────────────────────────────
3. P値の計算                                 事後
4. 設定した有意水準とP値との比較
   － P値＜有意水準の場合は，帰無仮説を棄却し，対立仮
     説を採択する
   － それ以外の場合は，帰無仮説を棄却せず，結論を保留
     する
```

図1．検定の手順まとめ

帰無仮説は誤りであるとし，対立仮説が正しいと主張する。このように帰無仮説は誤りとすることを「**帰無仮説を棄却する**」といい，その結果として対立仮説が正しいと主張することを「**対立仮説を採択する**」という。

　帰無仮説が棄却できた場合には「有意」という表現が用いられることも多い。たとえばコイン投げの例では，「表が出る確率は 1/2 より有意に大きい」といった表現になる。では，P 値が有意水準よりも大きかった場合はどうなるのだろうか。この場合は，帰無仮説下でめったに起こらないデータとはいえないので，帰無仮説を棄却することはできず，結論は保留される。ただしこの場合，帰無仮説が正しい場合には実際に得られたデータは観測され得ることを述べているだけであり，**帰無仮説が正しいという結論になるわけではない**ことに注意が必要である。

　検定の流れを具体的に先ほどのコイン投げの例にあてはめて考えてみる。主張したい仮説（対立仮説）は「表が出やすいコインである」である。一方，否定したい仮説（帰無仮説）は「表が出る確率が 1/2 のコインである」である。そして帰無仮説，すなわち「表が出る確率が 1/2 のコインである」と想定したもとで実際に得られたデータ，すなわち9回以上表が出たことがどのくらいの確率で得られるのかを計算する。この結果得られた確率は 1.1% であり，これが P 値に該当する。そしてこの P 値が事前に設定していた有意水準よりも大きいか小さいかを見ることになる。たとえば有意水準を 2.5% とした場合では P 値は有意水準より小さいので，帰無仮説「表が出る確率は 1/2 のコインである」を棄却し，対立仮説「表が出やすいコインである」を採択することになる。結論を「表が出る確率は 1/2 よりも有意に大きかった」と表現することも可能である。一方，有意水準を 1% とした場合には，帰無仮説「表が出る確率は 1/2 のコインである」は棄却されず，結論は保留される。繰り返しになるが，帰無仮説「表が出る確率は 1/2 のコインである」が正しい**とはならない**ことに注意が必要である。

4. 片側検定と両側検定

　コイン投げの例では主張したい仮説は「表が出やすいコインである」であった。しかし実際には，単に表が出る確率が 1/2 であるか否かに着目したい場合もあるだろう。つまり，前項では表が出る確率が 1/2 よりも大きいことについてのみ調べたが，表が出る確率が 1/2 より小さいことも含めて主張したい場合も多いだろう。このとき，主張したい仮説（対立仮説）は「表が出る確率が 1/2 ではないコインである」となる。この場合も，主張したい仮説（対立仮説）と否定したい仮説（帰無仮説）が設定できれば，次は P 値を計算する。しかし，この場合は前項の場合と P 値の計算方法が変わる。先ほどは，「表が出やすいコインである」ことを主張したかったため，帰無仮説下で実際のデータ（9 回）以上表が出る確率のみを計算していた。一方，今回は「表が出る確率が 1/2 ではないコインである」ことを主張したいため，帰無仮説下で実際のデータと同程度以上に表が多く，または少なく出る確率を計算することになる。ここでいう「実際のデータと同程度以上に表が多く，または少なく出る確率」とは，「帰無仮説が正しければ 5 回程度しか表が出ないはずなのに，実際のデータは 10 回中表が出た回数は 9 回であった。それほどまでに表が多く出たり，少なく出たりする場合が起こる確率」のことを指す。すなわち，10 回中 9 回以上表が出る確率＋ 10 回中 1 回以下しか表が出ない確率を計算することになる。この確率を計算すると

$$\text{表が1回出る確率} \quad {}_{10}C_1\left(\frac{1}{2}\right)^9\left(\frac{1}{2}\right)^1 \approx 0.01$$

$$\text{表が0回出る確率} \quad {}_{10}C_0\left(\frac{1}{2}\right)^{10} \approx 0.001$$

となり，先の表が 9 回以上出る確率との和をとって 2.2% とわかる。すなわち P 値は 0.022 である。

　前述の「3. 検定の流れ」では，対立仮説に「表が出やすいコインである」と特定の方向についてのみ指定したものを設定していた。一方，本項で紹介した対立仮説は，表の出る確率は 1/2 でない，すなわち表が出やすいだけでなく，裏が出やすいことも含めた，特に方向については指定しないものを用いていた。前者を片側対立仮説，後者を両側対立仮説と呼ぶ。また，対立仮説に片側対立仮説を用いた検定を**片側検定**（one-sided test），両側対立仮説を用いた検定を**両側検定**（two-sided test）と呼ぶ。両側検定の場合には，有意水準は 5%（0.05），片側検定の場合には有意水準は 2.5%（0.025）が慣例的に用いられることが多い。先ほどのコイン投げの例で片側検定を考える場合，有意水準に 0.025 を用いると 10 回中表が 9 回出たときには P 値が 1.1%（0.011）で帰無仮説を棄却することができる。もしも 10 回中表が 8 回出た場合には

$$\text{表が8回出る確率} \quad {}_{10}C_8\left(\frac{1}{2}\right)^9\left(\frac{1}{2}\right)^1 \approx 0.117$$

となるので，帰無仮説が棄却できないことがわかる。つまり，10回中表が出た回数が9回以上か，9回未満かで「表が出る確率が1/2のコインである」という帰無仮説を棄却できるか否かが変わることになる。

5. 検定方法

　本節以降でも紹介するように，検定の方法にはデータのタイプや検定したい仮説のタイプによってさまざまな検定方法が提案されている。コイン投げのようにP値を直接求めるものもあるが，検定統計量という値を計算し，そこからP値を求めるものが一般的である。その計算の方法は，検定の種類によって異なるものの，帰無仮説と対立仮説の設定，P値の計算，有意水準との比較，結果の解釈という基本的な流れは前項で紹介したものと同じである。

6. 2つの過誤と検出力，標本サイズ

　前述の「2. コイン投げ」で述べたコイン投げの結果を用いて，片側検定を行った場合を再度考えてみよう。検定では，「表が出る確率は1/2のコインである」と考え，実際に表が出た回数，もしくはそれを超える回数だけ表が出る確率を計算した。その確率が1.1%と小さかったため，帰無仮説が正しいとすればめったに起こらないデータと考え，帰無仮説が誤っていると結論づけた。一方で，表が出る確率が本当に1/2のコインであっても，実際のデータとなる可能性が1.1%の確率で起こり得ることを示している。この場合，表が出る確率が本当に1/2のコインであるにもかかわらず，表が出やすいコインであると誤って結論づけることになる。このように帰無仮説が正しいにもかかわらず，帰無仮説を誤って棄却してしまうことを統計学の用語で**第一種の過誤**（type I error）または**α過誤**（α error）と呼ぶ。有意水準を設定することは，この第一種の過誤が発生する確率を一定以下に抑えることを目的としており，α=0.05などの表記で検定の有意水準を表すこともある（この場合，有意水準0.05であることを表す）。

　一方，本当は対立仮説が正しいにもかかわらず，帰無仮説を棄却できない可能性も存在する。コイン投げ結果を用いて片側検定を行った場合を再度考えてみよう。このとき，コイン投げを行って10回中9回以上表が出た場合は，帰無仮説が棄却できた。

　では，対立仮説が正しいもとで10回コインを投げて，表が9回以上出る確率はどの程度あるのであろうか。たとえば，表が出る確率が4/5のコインのときに，10回コインを投げて表が9回以上出る確率は

$$\text{表が10回出る確率} \quad {}_{10}C_{10}\left(\frac{4}{5}\right)^{10} \approx 0.107$$

$$\text{表が9回出る確率} \quad {}_{10}C_9\left(\frac{4}{5}\right)^9\left(\frac{1}{5}\right)^1 \approx 0.268$$

であり，37.5%程度の確率でしか帰無仮説が棄却できないことがわかる。すなわち，残りの62.5%の確率で，対立仮説が正しいにもかかわらず帰無仮説が棄却できないことがわかる。このように，対立仮説が正しいにもかかわらず，帰無仮説を棄却できない誤りを**第二種の過誤**（type II error）または**βエラー**（β error）と呼ぶ。また，対立仮説が正しいときに，正しく帰無仮説を棄却できる確率を**検出力**（statistical power）と呼ぶ。つまり

$$（検出力）=100\% －（第二種の過誤が起こる確率）$$

で表される。先ほどの表が出る確率が4/5のコインでは，検出力は37.5%とかなり低いことがわかる。つまり，コインを10回投げるだけでは自分が主張したい対立仮説が正しいにもかかわらず，62.5%の確率でβエラーが起こり，対立仮説を主張できないことになる。では，コインを10回ではなく20回に増やした場合にはどうだろうか。有意水準が片側0.025の場合に，帰無仮説を棄却できる条件は

$$\text{表が15回以上出る確率} \quad \sum_{k=15}^{20} {}_{20}C_k\left(\frac{1}{2}\right)^{20} \approx 0.021 < 0.025$$

$$\text{表が14回以上出る確率} \quad \sum_{k=14}^{20} {}_{20}C_k\left(\frac{1}{2}\right)^{20} \approx 0.057 > 0.025$$

より，表が15回以上出ることである。では，表が出る確率が4/5のコインで検出力を計算するには，表が出る確率が4/5との対立仮説の下で表が15回以上出る確率を計算すればよい。その確率は

$$\text{表が15回以上出る確率} \quad \sum_{k=15}^{20} {}_{20}C_k\left(\frac{4}{5}\right)^k\left(\frac{1}{5}\right)^{20-k} \approx 0.805$$

となり，試行回数が10回から20回に増やすことで検出力が39.6%から80.5%と大きくなったことがわかる。このように，対立仮説が正しいときにはデータの数が多くなると，帰無仮説を棄却する確率が上がる。

　ここまで述べてきたように，実験や臨床試験を行った場合には，検定を行って帰無仮説を棄却することで，自分の仮説を主張することが多い。その場合，実際に用いる標本の大きさ（**標本サイズ**；sample size）を適切に設定することが必要である。臨床試験であれば試験に参加する患者さんの数となる。標本サイズが少ない状況で試験を行った場合，検出力が小さくなり，せっかくの実験や臨床試験が無駄になってしまう可能性が高くなる。一方，標本サイズが不必要に多い状況で臨床試験を行った場合は，コストや時間が多くかかってしまうことが問題となる。

標本サイズは，検定の方法，有意水準，検出力，そして実際のデータがどのような確率分布を取るか，そのパラメータの値で決まる（コイン投げの例であれば，コインを投げて表が出る真の確率）。パラメータの値はわからないことが多いので，この値は見積もることになる。コイン投げの例であれば，表が出る確率が4/5のコインであることがわかっているとき，わざわざ表が出る確率が1/2かどうかを調べる必要はないであろう。実際には表が出る確率がわかっていないため，どの程度表が出るコインなのかを予想した上で，標本サイズを決定する。有意水準を大きくする，または検出力を小さくした場合に標本サイズは少なくなる。一方，有意水準を小さくする，または検出力を大きくした場合に標本サイズは多くなる。もちろん，想定したパラメータの値によっても標本サイズは変わる。標本サイズの計算方法についての詳細は本書では記さないが，勉強したい方は竹内（2003）または丹後（2003）を参考にされたい。

■参考文献
1）矢船明史：まずは基礎だけ 臨床統計，pp. 32-36，丸善，2003
2）Marcello Pagano, Kimberlee Gauvreau ; Principles of Biostatistics : Duxbury Pr, 2000〔竹内 正弘（訳）：生物統計学入門 —ハーバード大学講義テキスト，pp. 176-178，丸善，2003〕
3）丹後俊郎：無作為化比較試験，pp. 43-63，朝倉書店，2003

問題と解答

問 1. 仮説検定の考え方として，適切なものは以下のどれか。a～dのうちから1つ選べ。

a) 主張したい仮説のもとで，観測されたデータが，どれくらいの確率で起こるかを計算する。
b) 観測されたデータが，主張したくない仮説のもとで，どのくらいの確率で起こるかを計算する。その確率が基準よりも低ければ，主張したくない仮説が間違っているとして，主張したい仮説を採択する。
c) 観測されたデータが，主張したい仮説よりも良い値を取っていれば良い。
d) 観測されたデータが，主張したい仮説と，主張したくない仮説のどちらに近いかを比較する。

解答　b
本節3項を参照。

問2. 薬剤Aと薬剤Bの効果の差について，仮説検定を行ったところ，P値は0.04であった。一方，薬剤Aと薬剤Cの効果の差について仮説検定を行ったところ，P値は0.10であった。有意水準を0.05とした場合，この結果の解釈として最も適切な組み合わせをa～dのうちから1つ選べ。

a) 薬剤Aと薬剤Bは効果に有意な差があり，薬剤Aと薬剤Cの効果は同じである。
b) 薬剤Aと薬剤Bは効果に有意な差があり，薬剤Aと薬剤Cの効果に差があるとはいえない。
c) 薬剤Aと薬剤Cは効果に有意な差があり，薬剤Aと薬剤Bの効果は同じである。
d) 薬剤Aと薬剤Cは効果に有意な差があり，薬剤Aと薬剤Bの効果に差があるとはいえない。

解答　b
本節3項を参照。

問3. 仮説検定に関する記述の正誤について，正しいものはどちらか。

a) 仮説検定において，主張したくないことが真実にもかかわらず，主張したいことが真実と誤ることを第一種の過誤（αエラー）という。
b) 少数のデータのほうが，差を検出しやすい。

解答　a
本節6項を参照。

第1章●基礎編

5. 検定II
〔Studentのt検定（対応のないt検定），対応のあるt検定〕

KEY WORD 対応のあるデータ，対応のないデータ，パラメトリック検定，ノンパラメトリック検定，Studentのt検定，対応のあるt検定

1. はじめに

　前節までに推定，および検定の基本的な考え方を取り上げてきた．本節では2つの検定〔Studentのt検定（対応のないt検定），対応のあるt検定〕を紹介する．
　血圧を下げる効果が期待される降圧薬として開発中の薬剤Aを考える．この薬剤Aが高血圧の患者に対して，血圧を下げる効果があることを示すためにはどうしたら良いだろうか．たとえば，薬効のないプラセボを用いて，高血圧患者を薬剤Aとプラセボに無作為に割り付ける臨床試験を実施して，投与前から所与の投与後の時間までの血圧の変化量の平均値を薬剤Aとプラセボの2群間で比較することが考えられる．血圧の変化量の平均値が2群間で異なれば，薬剤Aは効果を有すると考えられる．臨床試験では有効性の評価項目について，処置間の平均値を比較することで処置の有効性を示すことが少なくない．
　本節では，2群間の平均値の比較を行うための統計的方法について述べる．

2. Studentのt検定（対応のないt検定）

2-1. 対応のないデータ

　先述のように，薬剤Aが降圧効果を有するか否かを調べるために，プラセボを対照にして，薬剤Aとプラセボを別々の患者に無作為に割り付ける臨床試験を実施して，投与後の血圧値を比較する状況を考える．薬剤Aとプラセボにそれぞれ7人，計14人の患者が割り付けられ，各患者から投与後の血圧が**表1**のように得られたとする．
　表1のデータは各患者において，投与後の血圧が1個だけ観測されている．このようなデータは，後述の1人の患者から複数個の血圧が観測されていることを区別する意味で，**対応のないデータ**と呼ばれることがある．薬剤Aの降圧効果を示すために，投与後の血

表1. 血圧値（mmHg）のデータ（対応のないデータ）

患者番号	薬剤A	患者番号	プラセボ
1-1	111	2-1	115
1-2	114	2-2	109
1-3	120	2-3	121
1-4	110	2-4	122
1-5	119	2-5	127
1-6	112	2-6	123
1-7	109	2-7	119

圧の平均を薬剤Aとプラセボとの間で比較することを考える。

ここで，投与後の血圧値は連続値であり，一般に正規分布を仮定できるとすれば，2薬剤間で平均値を比較するにはt検定を利用できる。この検定は提案者のペンネームにちなんで**Studentのt検定**，あるいは対応のないデータに適用することを明確にするために**対応のないt検定**と呼ばれることがある。

2-2. Studentのt検定（対応のないt検定）

表1のデータに対して関心のあることは，薬剤Aとプラセボを投与したあとの血圧値の平均値には差があるのか否かである。このことをStudentのt検定で確かめる手順を紹介する。

なお，Studentのt検定では，母集団において薬剤A群とプラセボ群における血圧値のデータがそれぞれ正規分布に従うことを仮定する。また，これらの分布の分散が等しいことの仮定も必要である。もしも分散が群間で等しくない場合は，Welchのt検定と呼ばれる検定を用いる[1,2]。

2-2-1. 帰無仮説と対立仮説の設定

(1) 帰無仮説

母集団において，薬剤Aとプラセボを投与したあとの血圧値の平均値には差がない（差はゼロである）。

(2) 対立仮説

対立仮説として以下のいずれかを選択する必要があるが，ここでは両側検定を考える。

両側検定の場合：母集団において，薬剤Aとプラセボを投与したあとの血圧値の平均値の差がある（差はゼロではない）。

片側検定の場合：母集団において，薬剤Aとプラセボを投与したあとの血圧値の平均値の差はゼロより大きい（またはゼロより小さい）。

2-2-2. 有意水準αの設定
$\alpha = 0.05$ とする。

2-2-3. 検定統計量 T と P 値の計算

得られたデータから Student の t 検定の検定統計量 T を計算する。T は，薬剤 A とプラセボに対する血圧値の平均値の差を，薬剤 A とプラセボに対する血圧値の平均値の差の標準誤差で割ることによって求められる値である。すなわち，以下の式である。

$$T = \frac{\overline{X}_A - \overline{X}_P}{S}$$

ここで，$\overline{X}_A, \overline{X}_P$ をそれぞれ薬剤 A とプラセボの平均値とする。また，分母の S は，薬剤 A とプラセボに対する血圧値の平均値の差の標準誤差であり，次の式で表現される。

$$S = \sqrt{\left(\frac{1}{n_A} + \frac{1}{n_P}\right)\left(\frac{(n_A-1)SD_A^2 + (n_P-1)SD_P^2}{n_A + n_P - 2}\right)}$$

ここで，SD_A, SD_P はそれぞれ薬剤 A とプラセボの標準偏差，n_A, n_P はそれぞれ薬剤 A とプラセボの例数である。表1のデータに基づいて検定統計量を計算すると，$\overline{X}_A - \overline{X}_P = 113.6 - 119.4 = -5.9$ であり，$SD_A = 4.4, SD_P = 5.9, n_A = n_P = 7$ であることを用いると，$S = 2.8$ が得られる。

これより検定統計量 $T = -5.9/2.8 = -2.1$ と計算される。母集団において，薬剤 A とプラセボを投与したあとの血圧値の平均値には差がないとする帰無仮説のもとで，検定統計量 T は，自由度 $n_A + n_P - 2$ の t 分布に従うことが知られている[1]。今回のデータでは，検定統計量 T は自由度 12(=7＋7－2) の t 分布に従い，その分布は図1のようになる。いまは両側検定を行うため，P 値は帰無仮説のもとで，検定統計量の絶対値より大きな値が得られる確率である。以下の図1における①と②の和が P 値に該当する。計算すると，$P=0.0558$ が得られる。

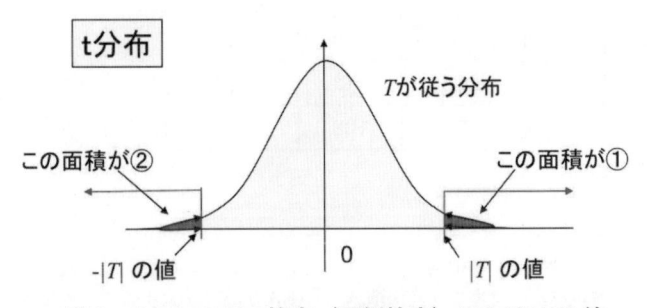

図1. Student の t 検定（両側検定）における P 値

2-2-4. 設定した有意水準αとP値との比較

P=0.0558>0.05 より，帰無仮説を棄却できず，結論を保留することになる。したがって，Studentのt検定を行った結果，薬剤Aとプラセボを投与したあとの血圧値の平均値には差があるとは言い切れないという結果が得られた。

3. 対応のあるt検定

3-1. 対応のあるデータ

前項では，薬剤Aとプラセボの降圧効果の比較のため，薬剤Aとプラセボを別々の患者に投与する臨床試験を考えてきた。

本項では，同じ患者に薬剤Aとプラセボの両方を投与する臨床試験を実施して，各々を投与したあとの血圧値を比較することによって降圧効果を評価する臨床試験を考える。この臨床試験では，薬剤Aを投与して，投与後の血圧値を測定し，その後いったん休薬して，血圧値が通常値に戻ったあと，同じ患者に対してプラセボを投与して投与後の血圧値を測定するものとする(注)。ここに，薬剤Aを投与したあとに休薬をするのは，薬剤Aを投与したことがプラセボでの血圧に影響を及ぼすことを防ぐためである。

このようにして7人の患者に対して，薬剤Aとプラセボをそれぞれ投与して得られた血圧値データの例を表2に示す。

表2に示した薬剤Aとプラセボを投与して得られた投与後の血圧値は，同じ患者から得られた値である。同じ患者から得られた値は1つの組のデータとして用いるべきである。つまり，薬剤Aとプラセボ投与後のそれぞれに対する血圧値の差を用いて，薬剤Aとプ

表2. 血圧値（mmHg）のデータ（対応のあるデータ）

患者番号	薬剤A	プラセボ
1	111	115
2	114	109
3	120	121
4	110	122
5	119	127
6	112	123
7	109	119

注：また，プラセボを先に投与して薬剤Aを投与するということも可能であり，投与の順番が影響を及ぼすと考えられる場合には，プラセボから薬剤A，薬剤Aからプラセボの両方の患者グループを設けた臨床試験も可能である。このような臨床試験はクロスオーバー試験と呼ばれる[1]。

ラセボ間の違いを評価すべきである。なぜなら，臨床試験の前には血圧値の高い患者もいれば，そうでない患者もいるため，試験前の血圧値に依らず，薬剤の効果は患者自身の薬剤Aとプラセボの投与によって得られた差として表現されるためである。そして，患者ごとに血圧値の差を取ることによって，薬剤Aとプラセボに共通な，血圧の変動に影響を与える患者自身の特徴の部分が除去できると考えられるためである。

このように同じ患者から複数個のデータが得られている場合に，それらのデータは同一患者から取られたことを示すために**対応のあるデータ**と呼ばれる。薬剤Aとプラセボを同じ患者に投与して得られるデータだけでなく，たとえば投与前後で血圧値を比較するような場合において，投与前と投与後のデータも対応のあるデータと呼ばれる。

ここで，薬剤Aとプラセボの投与後の血圧値の差は連続値であり，一般的には正規分布を仮定することが多い。対応のあるデータに対して，正規分布を仮定した検定は**対応のあるt検定**と呼ばれる。

3-2. 対応のあるt検定

表2のデータを例に用いて対応のあるt検定の手順を紹介する。このデータに対して興味のあることは，薬剤Aとプラセボを投与したあとの血圧値の平均値に差があるのか否かである。このことに関して検定を行う。

対応のあるt検定は仮定として，母集団における薬剤Aとプラセボの差の分布が正規分布に従うことを必要とする。前項と同様に紹介する。

3-2-1. 帰無仮説と対立仮説の設定
（1）帰無仮説
　母集団において，薬剤Aとプラセボを投与したあとの血圧値の平均値には差がない（差はゼロである）。
（2）対立仮説
　対立仮説として以下のいずれかを選択する必要があるが，ここでは両側検定を考える。
　両側検定の場合：母集団において，薬剤Aとプラセボを投与したあとの血圧値の平均値の差がゼロではない。
　片側検定の場合：母集団において，薬剤Aとプラセボを投与したあとの血圧値の平均値の差はゼロより大きい（またはゼロより小さい）。

3-2-2. 有意水準αの設定
　$\alpha = 0.05$ とする。

3-2-3. 検定統計量 T と P 値の計算

　得られたデータから対応のある t 検定の検定統計量 T を計算する。T は，薬剤Aとプラセボを投与したあとの血圧値の差の平均値を，薬剤Aとプラセボを投与したあとの血圧値の差の平均値の標準誤差で割ることによって求められる値である。すなわち，

$$T = \frac{d}{S}$$

である。ここで，$d = \frac{1}{n}\sum_{i=1}^{n} d_i$ であり，$d_i = X_{A_i} - X_{P_i}$，X_{A_i} と X_{P_i} はそれぞれ i 番目の患者における薬剤Aとプラセボの投与したあとの血圧値を表し，n は例数を表す。また，分母の S は薬剤Aとプラセボを投与したあとの血圧値の差の平均値のバラツキであり，次の式で表現される。

$$S = \frac{\sqrt{\frac{1}{n-1}\sum_{i=1}^{n}(d_i - d)^2}}{\sqrt{n}}$$

　表2のデータに基づいて検定統計量を計算する。表3より，$n=7$，$D=-5.9$ であり，$S=2.3$ が得られる。これより検定統計量 $T=-5.9/2.3=-2.5$ と計算される。

　薬剤Aとプラセボを投与したあとの血圧値の平均値には差がないとする帰無仮説のもとで，検定統計量 T は，自由度 $n-1$ の t 分布に従うことが知られている[1]。今回のデータでは，自由度 $6(=7-1)$ の t 分布に従い，検定統計量 T が従う分布は図2のようになる。いまは両側検定を行うため，P 値は帰無仮説のもとで，検定統計量の絶対値より大きな値が得られる確率のことである。図2における①と②の和が値に該当する。計算すると，$P=0.0466$ が得られる。

表3. 対応のあるデータに対する薬剤Aとプラセボの差

患者番号	薬剤A	プラセボ	薬剤A－プラセボ (D_i)
1	111	115	-4
2	114	109	5
3	120	121	-1
4	110	122	-12
5	119	127	-8
6	112	123	-11
7	109	119	-10
平均値	113.6	119.4	-5.9

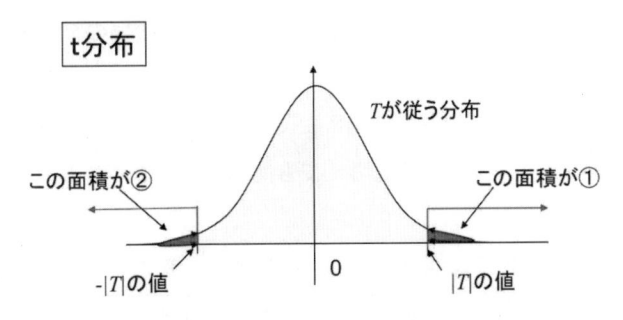

図2. 対応のある t 検定（両側検定）における P 値

3-2-4. 設定した有意水準 α と P 値との比較

$P=0.0466<0.05$ より，帰無仮説を棄却して，対立仮説を採択する．したがって，対応のある t 検定を行った結果，薬剤 A とプラセボを投与したあとの血圧値の平均値に対する差はゼロではないという対立仮説が採択された．

ここまで，Student の t 検定と対応のある t 検定の手順をそれぞれ表 1 と表 2 のデータを用いて紹介した．表 1 と表 2 の血圧値の数値自体は同じであることに注意したい．同じ 14 個の数値のデータを用いて Student の t 検定では有意差が認められず，対応のある t 検定では有意差が認められた．14 個のデータの値が全く同じであるにもかかわらず，適用する検定が変わると検定結果が変わってくる．そのため，データに応じて適切な検定を選択しないと，誤った結論を導く可能性がある．

4. 用語の説明

本節では，Student の t 検定と対応のある t 検定を紹介した．たとえば Student の t 検定では，薬剤 A とプラセボ投与後の血圧値に対して正規分布を仮定して検定を実施した．また，対応のある t 検定では，薬剤 A とプラセボ投与後の血圧値の差に対して，正規分布を仮定した．Student の t 検定と対応のある t 検定のように，たとえば正規分布といった特定の分布を仮定して，検定を行う方法を**パラメトリック検定**と呼ぶ．一方で，特定の分布を仮定しない検定方法がある．このような検定方法を**ノンパラメトリック検定**と呼ばれる．これについては次節「6. 検定Ⅲ」で紹介する．

Student の t 検定と対応のある t 検定では，データが正規分布に従うとする仮定を置いた手法であった．一般には，母集団の分布が正規分布に従うか否かは不明であることが多い．そのため，得られたデータに基づいて正規分布を仮定できるか否かを検討することが通常である．その検討にあたっては，いくつかの方法が提案されているが，ここではデータのヒストグラムに基づく簡便な検討方法を紹介する．例として 35 人の患者から薬剤 A を投

与したあとの血圧値が**表4**のように得られたとする。この35個のデータに対して、血圧値を5で区切ってヒストグラムを描くと**図3**が得られる。ヒストグラムはおおよそ平均を中心にして対照であり、正規分布の確率密度関数に近いとみなすことは可能であり、血圧値の母集団の分布は正規分布であると考えても問題ないと思われる。

表4. 35例の血圧値（mmHg）の標本データ

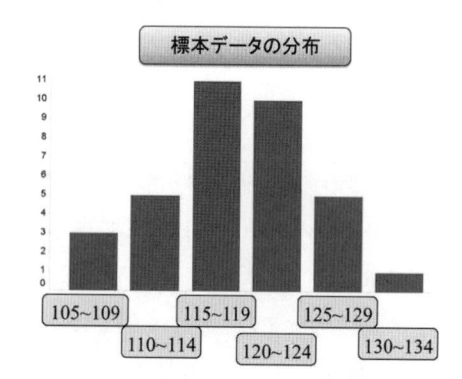

124	130	110	120	108	124	110	112	112	115
121	126	115	115	115	124	120	126	122	120
118	126	126	115	105	107	115	123	117	120
118	119	126	121	115					

図3. 血圧値の標本データに対するヒストグラム

■参考文献
1）Armitage P, Berry G：医学研究のための統計的方法，サイエンティスト社，2001
2）松原望：入門統計解析（医学・自然科学編），東京図書，2007
3）古川俊之，丹後俊郎：新版 医学への統計学，朝倉書店，1993

問題と解答

7人の患者に，薬剤Aとプラセボを投与して，以下の血圧値（mmHg）が得られた。問題1〜問題3に答えよ。

患者番号	薬剤A	プラセボ	薬剤A−プラセボ
1	110	121	-11
2	112	126	-14
3	109	125	-16
4	103	119	-16
5	105	103	2
6	112	102	10
7	114	125	-11

問題1．薬剤Aとプラセボ投与後の血圧値の差（薬剤A−プラセボ）に対する平均値で正しいのはどれか。1つ選べ。

a) -8
b) -9
c) -10
d) -11
e) -12

解答　a

((−11)+(−14)+…+(−11))/7=−8

問題2．薬剤Aとプラセボ投与後の血圧値の差に対する標準誤差で正しいのはどれか。1つ選べ。

a) 1.8
b) 2.8
c) 3.8
d) 4.8
e) 5.8

解答　c

$$S = \frac{\sqrt{\frac{1}{7-1}\{((-11)-(-8))^2 + ((-14)-(-8))^2 ... + ((-11)-(-8))^2\}}}{\sqrt{7}} = 3.8$$

問題3．対応のある t 検定の検定統計量の値として正しいのはどれか。1つ選べ。

a）-1.11
b）-2.11
c）-3.11
d）-4.11
e）-5.11

解答　b

$$T = \frac{-8}{3.8} = -2.11$$

第 1 章●基礎編

6. 検定Ⅲ
（Wilcoxon 順位和検定，Wilcoxon 符号付き順位検定，カイ二乗検定）

KEY WORD パラメトリック検定，ノンパラメトリック検定，Wilcoxon 順位和検定，Wilcoxon 符号付き順位検定，分割表，カイ二乗検定

1. はじめに

前節（5. 検定Ⅱ）ではパラメトリック検定である，Student の t 検定（対応のない t 検定）と対応のある t 検定を紹介した．本節では，Wilcoxon 順位和検定，Wilcoxon 符号付き順位検定，カイ二乗検定を紹介する．

なお，Wilcoxon 順位和検定と Wilcoxon 符号付き順位検定の理論の詳細については本書の範囲を越えるため，この 2 つの検定については考え方と手順のみを説明する．

前節と同じく，薬剤 A とプラセボの比較，つまり 2 群比較に焦点を絞る．

どのような臨床試験で，どのようなデータを取って，どのように薬剤 A とプラセボの比較を行えば良いかについて考える．

2. Wilcoxon 順位和検定

前節と同じく，薬剤 A とプラセボを別々の患者に投与する臨床試験を実施して，投与後の血圧値を比較することを考える．このようにして得られた 14 人の対応のないデータを表 1 に示す．

表 1 のデータは，前節の表 1 のデータと似ているが，違いは患者番号 2 のデータが異なる点である．薬剤 A の患者番号 1-2 のデータが大きく外れた値を取っているため，薬剤 A とプラセボの血圧値の分布がそれぞれ正規分布に従い，分散が等しいという仮定について疑問が残る．そこで，ここではノンパラメトリック検定である，**Wilcoxon 順位和検定**を用いて薬剤間の比較を行うことを考える．

Wilcoxon 順位和検定は，データの順位に基づく方法である．Wilcoxon 順位和検定は，両薬剤の患者からのデータを併合してデータの値が小さい順に順位を付与する．これらの

第1章 基礎編

表1. 血圧値（mmHg）のデータ（対応のないデータ）

患者番号	薬剤A	患者番号	プラセボ
1-1	111	2-1	115
1-2	154	2-2	109
1-3	120	2-3	121
1-4	110	2-4	122
1-5	119	2-5	127
1-6	112	2-6	123
1-7	109	2-7	119

表2. 14例のデータに対する順位情報

値	109	109	110	111	112	115	119	119	120	121	122	123	127	154
順位	1.5	1.5	3	4	5	6	7.5	7.5	9	10	11	12	13	14
薬剤	A	P	A	A	A	P	A	P	A	P	P	P	P	A

　順位を薬剤Aとプラセボでそれぞれ足し合わせた場合，薬剤Aとプラセボの効果が等しければ，順位の和は薬剤Aとプラセボで近い値になり，そうでなければ大きく異なると考えられる。

　表1のデータに対する順位情報を表2に示す。なお，順位が等しい場合は，その平均値を順位とする。いま，1位，2位の値は109で等しいため，この値に対しては，その順位平均値として，1.5が割り当てられる。薬剤Aに対する順位は1.5，3，4，5，7.5，9，14であり，これらの順位和は44である。一方，プラセボに対する順位は1.5，6，7.5，10，11，12，13であり，これらの順位和は61である。

　帰無仮説のもとであれば（薬剤Aとプラセボの効果が等しいもとであれば），薬剤Aとプラセボの順位和は同様の値を取るはずである。この順位情報の違いが有意であるかどうかを検定する手法が，Wilcoxon順位和検定である。順位情報によって決まる検定統計量に基づき，薬剤Aとプラセボを投与したあとの血圧値の分布が等しいという帰無仮説に対して検定を行う。検定統計量の算出等の詳しい説明については，専門的な統計学の本を参照されたい[1-3]。

3. Wilcoxon符号付き順位検定

　次に，別のアイデアとして，同じ患者に薬剤Aとプラセボを投与する臨床試験を実施して，各々が投与された後の血圧値を比較することを考えよう。対応のあるデータとして，表3を考える。表3のデータは前節の表2のデータと似ているが，表2との違いは患者番号2のデータが異なる点である。前節で述べたように，このように大きく外れた値を持

表3. 血圧値（mmHg）のデータ（対応のあるデータ）

患者番号	薬剤A	プラセボ	薬剤A－プラセボ	順位
1	111	115	-4	2
2	154	109	45	7
3	120	121	-1	1
4	110	122	-12	6
5	119	127	-8	3
6	112	123	-11	5
7	109	119	-10	4

つ症例がある場合，対応のある t 検定を用いる際の仮定である，正規分布に従うという仮定について疑問が残る。そこで，ここではノンパラメトリック検定である，**Wilcoxon符号付き順位検定**を用いて薬剤間の比較を行うことを考える。

　Wilcoxon符号付き順位検定は，Wilcoxon順位和検定と同様に，データに分布を仮定せず，データの順位に基づく方法である。Wilcoxon符号付き順位検定では，薬剤Aとプラセボの差の絶対値が小さい順に順位をつける。もしも薬剤Aとプラセボの効果が等しいもとであれば，薬剤Aとプラセボの差の値は，ゼロを中心にして，均等に正と負に分布するはずである。一方で，もしも薬剤Aとプラセボの効果が異なるのであれば，ゼロを中心とするのではなく，正，または負に分布が偏るはずである。このように，Wilcoxon符号付き順位検定は，薬剤Aとプラセボの差の分布がゼロに関して対称であることを帰無仮説として検定を行う方法である。

　いま，順位が1位，2位，3位，4位，5位，6位のデータに対して，薬剤Aとプラセボの差が負の値を取る。一方で，順位が7位のデータに対して，薬剤Aとプラセボの差が正の値を取る。帰無仮説のもとであれば(薬剤Aとプラセボの効果が等しいもとであれば)，薬剤Aとプラセボの差が正の値を取る順位の合計と，負の値を取る順位の合計は近い値を取るはずである。

　図1に，帰無仮説の1つの例と得られたデータの順位情報の違いを示す。このように順位情報の違いが有意であるかどうかを検定する手法が，Wilcoxon符号付き順位検定である。順位情報によって決まる検定統計量に基づき，薬剤Aとプラセボを投与したあとの血圧値の差の分布はゼロに関して対称であるという帰無仮説に対して検定を行う。検定統計量の算出等の詳しい説明については，より専門的な統計学の本を参照されたい[1-3]。

　ここまでノンパラメトリック検定を紹介してきたが，ノンパラメトリック検定をどのような場面で用いるかについて補足する。ノンパラメトリック検定は，分布の仮定が難しいようなデータに対して薬剤Aとプラセボ間の比較を行うときに用いる。たとえば，本項と前項のように，血圧値といった連続値のデータに対して，外れ値と思われる値が含ま

第1章 基礎編

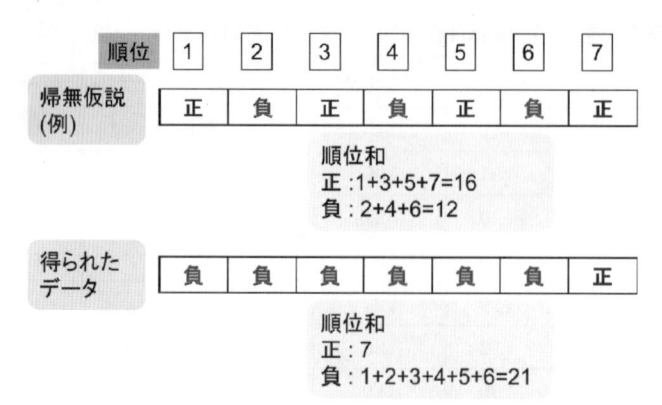

```
順位   1 2 3 4 5 6 7
帰無仮説
(例)   正 負 正 負 正 負 正
       順位和
       正：1+3+5+7=16
       負：2+4+6=12

得られた
データ   負 負 負 負 負 負 正
       順位和
       正：7
       負：1+2+3+4+5+6=21
```

図1. Wilcoxon符号付き順位検定の考え方

れており，正規分布といった分布の仮定が難しいような場合に用いられる。また，薬剤A投与後の満足度（非常に良い，良い，どちらでもない，悪い，非常に悪い）といった順序を持つカテゴリーのデータに対して，薬剤Aとプラセボ間の比較を行いたいとき等にも利用される。

4. カイ二乗検定

4-1. データの型

ここまでは薬剤Aとプラセボ間の比較について，血圧値をそのまま用いた，いわゆる連続値に対する比較を考えてきた。ここでは，仮に，薬剤を投与して血圧値が15mmHg以上下がれば，それが臨床的に「改善あり」であると考え，薬剤Aとプラセボを投与した後の改善割合を薬剤Aとプラセボ間で比較する状況を考える。この場合，「改善あり」の割合を薬剤Aとプラセボ間で比較する検定を用いる必要である。「改善あり」「改善なし」といったデータを2値のデータといい，**離散型のデータ**と呼ぶ。また，血圧値そのものは連続量であり，**連続型のデータ**と呼ばれる。

4-2. カイ二乗検定

4-1項で見てきたような「改善あり」「改善なし」といった離散型データに対して，薬剤Aとプラセボ間の比較を考えよう。つまり，「改善あり」の割合について，薬剤Aとプラセボ間の比較を考える。例として**表4**のデータを示す。このデータは，薬剤Aまたはプラセボをそれぞれ10人の患者に投与して得られた血圧値のデータである。また，投与後に血圧値が15mmHg以上下がれば「改善あり」，それ以外の場合を「改善なし」としている。

この例では薬剤Aの改善率は70%（7/10 × 100%）であり，プラセボの改善率は10%（1/10 × 100%）である。表4の情報について，薬剤ごとに「改善あり」と「改善なし」の情報

表4．血圧値（mmHg）のデータ（2値データ含む）

患者番号	薬剤A	改善の有無	患者番号	プラセボ	改善の有無
1-1	-15	改善あり	2-1	4	改善なし
1-2	-25	改善あり	2-2	-4	改善なし
1-3	-10	改善なし	2-3	-8	改善なし
1-4	-7	改善なし	2-4	-17	改善あり
1-5	-1	改善なし	2-5	-6	改善なし
1-6	-18	改善あり	2-6	-9	改善なし
1-7	-25	改善あり	2-7	-13	改善なし
1-8	-19	改善あり	2-8	-3	改善なし
1-9	-20	改善あり	2-9	-2	改善なし
1-10	-16	改善あり	2-10	0	改善なし

表5．分割表

	改善あり	改善なし	合計
薬剤A	7	3	10
プラセボ	1	9	10
合計	8	12	20

表6．帰無仮説下の分割表

	改善あり	改善なし	合計
薬剤A	4	6	10
プラセボ	4	6	10
合計	8	12	20

を要約した表のことを**分割表**と呼ぶ．表5に分割表を示す．このとき，「改善あり」，「改善なし」，薬剤A，およびプラセボのそれぞれの合計例数のことを周辺度数という．たとえば「改善あり」の周辺度数は8であり，薬剤Aの周辺度数は10である．

薬剤によって，改善率が異なるかどうかを調べる検定手法として，**カイ二乗検定**が知られている．カイ二乗検定の考え方を示す．周辺度数を固定して，帰無仮説下（両薬剤で改善率が同じ）の状況を考えると，**表6**が得られる．帰無仮説下であれば，薬剤Aとプラセボの改善率が同じであるため，薬剤Aとプラセボの「改善あり」の例数は，薬剤Aとプラセボの例数比になるはずである（この例では均等になるはずである）．つまり，帰無仮説下であれば，薬剤Aの「改善あり」の例数は，$8 \times (10/20)=4$ となるはずである．同様に考えると，薬剤Aの「改善なし」の例数は $12 \times (10/20)=6$ となるはずである．

この値を期待値（expectation）と呼び，Eで表す．表5で示している実際に得られてい

る観測値（observation）をOで表す．分割表の各セルに対して，観測値と期待値の差（O－E）を調べて，この差に基づき検定統計量を計算して，統計的に有意かどうか調べる手法がカイ二乗検定である．これまでと同様に，検定の流れを示す．

4-2-1．帰無仮説と対立仮説の設定
　ここでは両側検定を考える．
（1）帰無仮説
　母集団において，薬剤Aとプラセボを投与したあとの改善率には差がない．
（2）対立仮説
　母集団において，薬剤Aとプラセボを投与したあとの改善率の差はゼロではない．

4-2-2．有意水準αの設定
　$\alpha = 0.05$ とする．

4-2-3．検定統計量TとP値の計算
　iは分割表の各セルを意味して，薬剤Aの「改善あり」が$i=1$，薬剤Aの「改善なし」が$i=2$，プラセボの「改善あり」が$i=3$，プラセボの「改善なし」が$i=4$を表すとする．検定統計量Tは以下の式である．

$$T = \sum_{i=1}^{4} \frac{(O_i - E_i)^2}{E_i}$$

計算すると，検定統計量Tの値として7.5が得られる．

$$T = \sum_{i=1}^{4} \frac{(O_i - E_i)^2}{E_i} = \frac{3^2}{4} + \frac{(-3)^2}{6} + \frac{(-3)^2}{4} + \frac{3^2}{6} = 7.5$$

　検定統計量Tは，帰無仮説のもとで自由度1のカイ二乗分布に従い，$P=0.0062$が得られる．自由度やカイ二乗分布については，参考文献を参照されたい[2,3]．

4-2-4．設定した有意水準αとP値との比較
　$P=0.0062 < 0.05$ より，帰無仮説を棄却して，対立仮説を採択する．薬剤Aとプラセボを投与したあとの改善率の差はゼロではないと結論づけられる．
　このように離散型のデータに対しては，カイ二乗検定によって，薬剤Aとプラセボ間の比較を行うことが可能である．

5. まとめ

前節と本節で見てきたように，薬剤Aとプラセボの降圧効果を比較する場合に，以下の3つの観点がある。

①得られる血圧値のデータは，同一患者から得られるデータ（対応のあるデータ）か，別々の患者から得られるデータ（対応のないデータ）か。

②得られる値に対して分布の仮定をするのか（パラメトリック検定）か，分布の仮定をしないのか（ノンパラメトリック検定）か。

③薬剤Aとプラセボ間で比較したいデータは血圧値そのもの（連続型のデータ）か，「改善あり」「改善なし」といったデータ（離散型のデータ）か。

この3つに応じて，前節を含めて，ここまでに紹介してきた5つの検定は用いるべき場面が以下の表7として分類される。

前節と本節で紹介した検定は，統計学における検定の一部であり，その他の検定についてはより専門的な統計学の本を参照されたい[1-3]。また，前節と本節で紹介した検定の検定統計量の計算やP値の算出は，Excelを用いて行うことが可能である。Excelによる検定に関しては，多くの関連本が出版されているので必要に応じて，参考にされたい[4]。

表7．紹介した検定

	データ		
	連続型		離散型
	パラメトリック検定	ノンパラメトリック検定	
対応のないデータ	Studentのt検定（対応のないt検定）	Wilcoxon順位和検定	カイ二乗検定
対応のあるデータ	対応のあるt検定	Wilcoxon符号付き順位検定	

■参考文献
1）Armitage P, Berry G：医学研究のための統計的方法，サイエンティスト社，2001
2）松原望：入門統計解析（医学・自然科学編），東京図書，2007
3）古川俊之，丹後俊郎：新版 医学への統計学，朝倉書店，1993
4）涌井良幸，涌井貞美：Excelで学ぶ統計解析，ナツメ社，2003

問題と解答

薬剤Aとプラセボをそれぞれ10人の患者に投与して，以下に示す血圧値の変化量が得られた。血圧値が15mmHg以上下がったときに「改善あり」であると考えるとき，問題1〜問題3に答えよ。

患者番号	薬剤A	改善の有無	患者番号	プラセボ	改善の有無
1-1	-18	改善あり	2-1	2	改善なし
1-2	-20	改善あり	2-2	-2	改善なし
1-3	-19	改善あり	2-3	-5	改善なし
1-4	-21	改善あり	2-4	-10	改善なし
1-5	-15	改善あり	2-5	-16	改善あり
1-6	-18	改善あり	2-6	3	改善なし
1-7	-16	改善あり	2-7	-16	改善あり
1-8	-8	改善なし	2-8	5	改善なし
1-9	-10	改善なし	2-9	0	改善なし
1-10	-15	改善あり	2-10	9	改善なし

問題1. 得られたデータに対して，薬剤Aの「改善あり」の例数で正しいのはどれか。1つ選べ。

a) 5
b) 6
c) 7
d) 8
e) 9

解答　d

薬剤A投与後に「改善あり」だった患者は10人中8名である。

問題 2. 帰無仮説下（薬剤 A とプラセボを投与したあとの改善率には差がないとき）における，薬剤 A の「改善あり」の例数で正しいのはどれか。1 つ選べ。

a）2
b）3
c）4
d）5
e）6

解答　d

「改善あり」は薬剤 A とプラセボを併せて，計 10 名であるため，10 × (10/20)=5

問題 3. カイ二乗検定の検定統計量の値として正しいのはどれか。1 つ選べ。

a）5.2
b）6.2
c）7.2
d）8.2
e）9.2

解答　c

$$T = \sum_{i=1}^{4} \frac{(O_i - E_i)^2}{E_i} = \frac{3^2}{5} + \frac{(-3)^2}{5} + \frac{(-3)^2}{5} + \frac{3^2}{5} = 7.2$$

なお，数式中の記号の意味は本文と同じである。

第1章●基礎編

7. 相関と回帰

KEY WORD 散布図，相関，共分散，回帰，最小二乗法，決定係数

1. はじめに

　本節では，同一患者から観測された2つの項目間の関連性に注目する。たとえば年齢と血圧値や，身長と体重といった2つの観測項目間の関連性は一般的に知られており，年齢が増えると血圧値が高くなり，また身長が大きいと体重が大きい傾向にあると考えられている。

　また，臨床研究等を実施して2つの項目間の関連性を調べることもあるであろう。たとえば運動頻度とコレステロール値の関連性や，薬物の血中濃度と臨床効果の関連性などである。

　このように2つの項目間の関連性に注目するときに，その関連性をどのように表現したら良いであろうか。ここでは年齢と血圧値の2項目を取り上げる。具体的な例として，12人を対象にして，血圧値と年齢のデータが**表1**のように得られたとする。表1の値を見ると，年齢が高いほど，血圧値が高い傾向にあることがうかがえる。しかし，この傾向がどの程度強いかといったことはデータを眺めるだけではわからない。本当にこのような関係があるのか，わからない場合はまず図を描いてみることが大事である。

　描いた図を**図1**に示す。2つの項目（年齢，血圧値）の値をそれぞれ x 軸，y 軸にして描いた図であり，このような図のことを年齢と血圧値の**散布図**と呼ぶ。

　表1からも傾向がうかがえていたが，散布図から，年齢と血圧値の間には，年齢が高いほど血圧値が高いという関係性があり，それがかなり強いことが視覚的に確認できる。表1のようなデータが入力された表だけで，項目間の関係を理解することは一般的には難しく，項目間の関連性を把握するために，まず散布図を描いてみることは有益である。

　散布図から年齢と血圧値の間に関連性があることはわかったが，この関連性をどのように表現したら良いであろうか。また，年齢と血圧値の間の関連性はどの程度強いのか。これについては2項の**相関**で説明を行う。

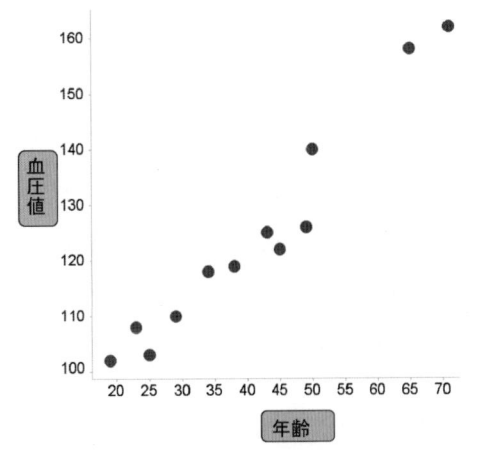

図1. 年齢と血圧値の散布図

表1. 血圧値（mmHg）と年齢のデータ

患者番号	年齢	血圧
1-1	34	118
1-2	29	110
1-3	65	158
1-4	19	102
1-5	25	103
1-6	45	122
1-7	50	140
1-8	71	162
1-9	43	125
1-10	38	119
1-11	49	126
1-12	23	108

　また，年齢が上がるにつれて血圧値も上がっていくという関連性がわかったとき，この関連性を用いて，ある年齢のときに血圧値はどのくらいであるといった予測ができるか否かについても興味が出てくるだろう。予測のためには，年齢と血圧値の具体的な関係式を求めることになるが，これには**回帰分析**の考え方が必要であり，それについては3項で述べる。

2. 相関

2-1. 正の相関，負の相関

　ここでは，年齢と血圧値といった2つの項目 x と y の関係性を調べる。10人の患者から，2つの項目 x と y の値が測定されているとき，それらの散布図を描くと，たとえば図2の(a)から(c)のいずれかの形状が得られるだろう。

　このとき，(a)のように，一方の項目が増加するともう一方の項目が増加するといった関係のとき，**正の相関**があるという。また，(c)のように，一方の項目が増加すれば，もう一方の項目が減少するといった関係のとき，**負の相関**があるという。(b)は，2つの項目間に取り立てて特徴はない（一方の項目が増えても，もう一方の項目は無関係な値を取る）ため，相関はないと呼ぶ。正の相関の例としては，身長と体重の関係が挙げられる。身長が高いほど，体重は一般的に大きくなる。また，負の相関の例としては，遊ぶ時間とテストの点数が挙げられる。遊ぶ時間が増えれば，勉強する時間が減り，テストの点数も落ちてくる。また，相関がない例としては，身長とテストの点数が挙げられる。身長が高いからテストで高得点を取るというわけではないため，相関がないことは明らかである。

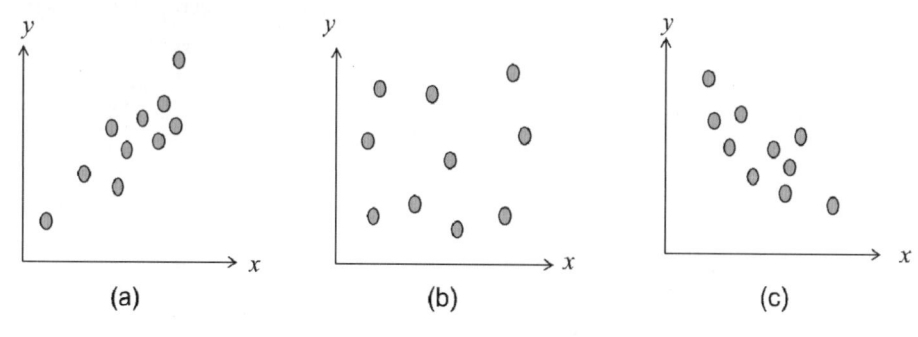

図2. 2つの項目 x と y の散布図

2-2. 強い相関，弱い相関

2つの項目 x と y の間の相関の程度は，強い，または弱いという表現を用いて表される。図3に正の相関の図を示す。(A) も (B) も，2つの項目 x と y の間に正の相関の関係性がうかがえるが，(A) に比べて (B) のほうが，x が高いほど y の値も高いという正の相関の関係性が強いことがわかる。また，(A) は x が高くても y の値が低い場合もある。

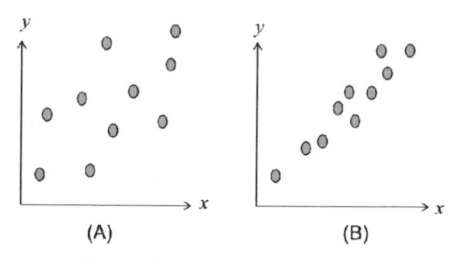

図3. 強い相関，弱い相関

このことから，(B) のような関連性があるとき，2つの項目 x と y は強い相関があるといい，(A) については，x と y は弱い相関があるという。また，(B) のような関係を相関が強い，(A) のような関係を相関が弱いと呼ぶこともある。

2-3. 共分散，相関係数

正の相関，または負の相関の関係性があるとき，相関が強い，もしくは弱いと判断するための客観的な指標が必要となる。それが**共分散**と**相関係数**である。

まず，共分散から説明する。2つの項目 x と y があったとき，x と y の共分散 s_{xy} は以下の式で表される。ここで，x_i と y_i は患者 i における x と y の測定値，$\bar{x}$ と $\bar{y}$ はそれぞれ x と y の平均を表している。n は患者数を表す。

$\bar{x}$ と $\bar{y}$ によって，x と y のデータを図4の左端図のように分割して考えた場合（点線の箇所が $\bar{x}$ と $\bar{y}$ を表す），A と D の領域では $(x_i - \bar{x})(y_i - \bar{y})$ は負の値を取る。一方で，B と C の領域で $(x_i - \bar{x})(y_i - \bar{y})$ は正の値を取る。つまり，図4からわかるように，正の相関の場

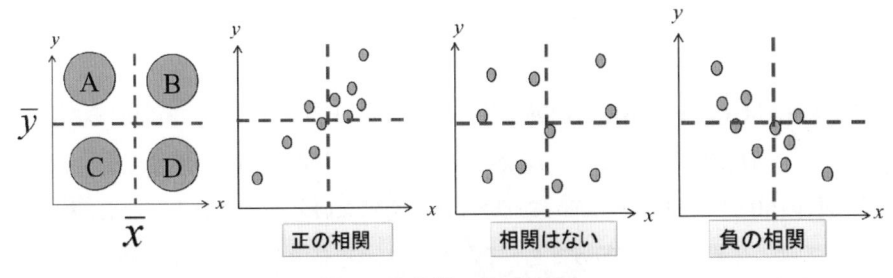

図4. 共分散の値の解釈

$$s_{xy} = \frac{1}{n}\sum_{i=1}^{n}(x_i - \bar{x})(y_i - \bar{y})$$

合は s_{xy} は正の値を取り，負の相関の場合は s_{xy} は負の値を取り，相関がない場合にはゼロに近い値を取る傾向にあることがわかる。

また，相関が強ければ，共分散の絶対値は大きな値を取り，相関が弱ければ，共分散の絶対値は小さくなる傾向にあることがわかり，共分散は相関の正負と強弱を測る良い目安であると考えられる。

ただし，共分散は計算式からもわかるように，値の単位に依存する。説明のため，身長と体重のデータを表2に示す。体重をkgとtの2通りで示している。このとき，身長と体重(kg)の共分散は21.8だが，体重(t)に対しては，0.0218であり，体重の単位が変わるだけで，共分散の値は変化してしまう。そのため，測定値の単位に依存しない指標が必要になる。それが相関係数である。このため，相関が強い，もしくは弱いと判断するための客観的な指標としては，共分散より相関係数を用いることが一般的である。

x と y の相関係数 r_{xy} は以下で定義される。ここで s_x, s_y は x と y の標準偏差をそれぞれ表す。

表2. 身長 (cm) と体重 (kg, t) のデータ

患者番号	身長 (cm)	体重 (kg)	体重 (t)
2-1	147.9	41.7	0.0417
2-2	163.5	60.2	0.0602
2-3	159.8	47.0	0.0470
2-4	155.1	53.2	0.0532
2-5	163.3	48.3	0.0483
2-6	158.7	59.7	0.0597
2-7	172.0	58.5	0.0585
2-8	161.2	49.0	0.0490
2-9	153.9	46.7	0.0467
2-10	161.6	44.5	0.0445

$$r_{xy} = \frac{s_{xy}}{s_x s_y}$$

相関係数 r_{xy} は x と y の単位の影響を受けず，必ず -1 以上 1 以下の値を取ることが知られている [1,2]。値の解釈としては，r_{xy} が 1 に近いほど「正の相関」が強く，r_{xy} が -1 に近いほど「負の相関」が強く，r_{xy} が 0 に近いほど相関はないと解釈される。なお，表 2 のデータに対しては，体重が kg であっても t であっても，身長と体重の相関係数は 0.56 という値が得られて，中程度の正の相関があると解釈される。

3. 回帰分析

3-1. 回帰分析

表 1 の血圧値と年齢のデータに対して，年齢が上がるにつれて，血圧値は上がっていきそうだが，その具体的な関係性について調べていこう。図 1 を見ると，年齢と血圧値の間には直線の関係性がうかがえる。この直線の関係性を数式で表現できないだろうか。

この直線関係が数式でわかれば，年齢が 1 増えると，血圧値がどの程度増加するのかに関する関係式がわかり，x（年齢）がさまざまな値を取るにつれて，y（血圧値）がどのように変化するかを把握することができる。

そこで，血圧値 = 切片 + 傾き × 年齢（$y=\alpha + \beta \times x$）といった直線関係を持つような，図 1 に対して最もあてはまる直線を考えよう。

では，図 1 に最もあてはまる直線とはどのような直線だろうか。図 1 に直線を引いて，その直線と各観測値との差を取る。直線と各観測値との差を図 5 に矢印で示している。

これを最もあてはまりの良い直線からの誤差と考えよう。つまり，図 5 から確認できるように，あてはまりの良い直線を $y=\alpha + \beta \times x$（血圧値 = 切片 + 傾き × 年齢）としたとき，患者 i の年齢 x_i を用いた $y=\alpha + \beta \times x_i$ の値と，患者 i の血圧値 y_i の差が，誤差 $e_i=(y_i - y)$ になる。この誤差の合計が最小になるような直線を見つければ，それが最もあてはまりの良い直線になるだろう。

この誤差 e_i は正の値も，負の値も取る可能性があるため，二乗して和を取り，二乗和（S とする）が最小になるように，α, β を見つけることができれば，それが最もあてはまりの良い直線を見つけることにつながる。表 1 のデータに対して，$S=(118-(\alpha+\beta \times 34))^2+(110-(\alpha+\beta \times 29))^2+\cdots+(108-(\alpha+\beta \times 23))^2$ である。

誤差 e_i の二乗和 S が最小になるように係数 α, β を見つける方法を**最小二乗法**と呼ぶ。S を最小にする α, β を見つければ良いため，S を α, β でそれぞれ微分し，ゼロとして，以下の連立方程式を解けば良い。最小二乗法の詳しい説明については，専門的な統計学の本を参照されたい [1)-3)]。

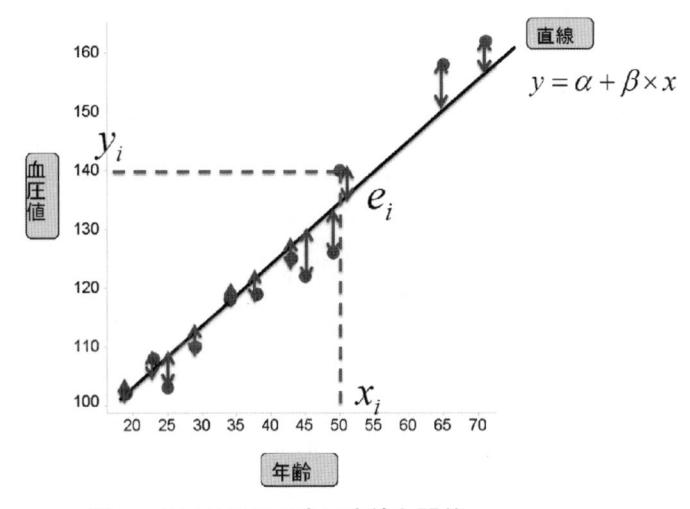

図5. あてはまりの良い直線と誤差 e_i

$$\frac{dS}{d\alpha} = 2\times(118-(\alpha+\beta\times34))\times(-1)+\cdots+2\times(108-(\alpha+\beta\times23))\times(-1) = 0$$

$$\frac{dS}{d\beta} = 2\times(118-(\alpha+\beta\times34))\times(-34)+\cdots+2\times(108-(\alpha+\beta\times23))\times(-23) = 0$$

この例では，上記の連立方程式から $\hat{\alpha}$=75.95, $\hat{\beta}$=1.18 が得られる（求まった推定値という意味でハット（^）を付けている）。つまり，図1に対して最もあてはまりの良い直線は $\hat{y}=\hat{\alpha}+\hat{\beta}\times x$=75.95+1.18×$x$ であることがわかる。解釈としては，年齢が1歳上がるにつれて，血圧値が1.18上がることを意味する。求まった直線を図6に示す。この $\hat{y}$=75.95+1.18×x の直線のことを回帰直線といい，正確には血圧値の年齢への回帰直線と呼ぶ。

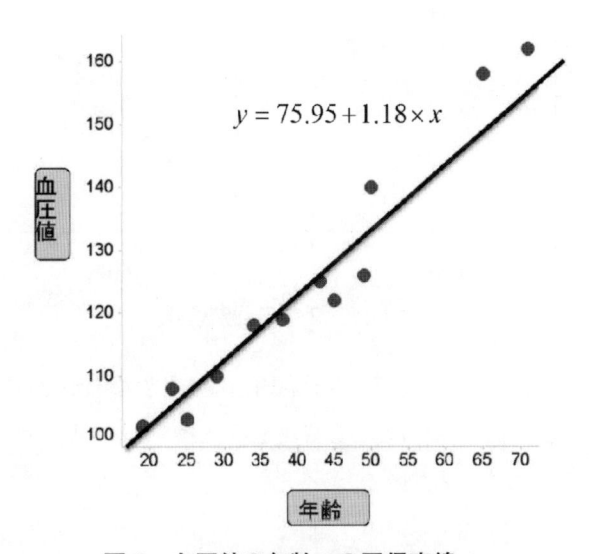

図6. 血圧値の年齢への回帰直線

また，$y=\alpha+\beta \times x$ における α, β のことを回帰直線の係数との意味合いで，**回帰係数**と呼び，より具体的に，α を回帰直線の切片，β を回帰直線の傾きと呼ぶこともある．今回の例では，回帰直線の切片は 75.95 であり，回帰直線の傾きは 1.18 である．

回帰係数を求めるために，いつも上記のように最小二乗法を計算していると大変であるため，回帰係数を求めるために，以下の公式が知られている[1,2]．

$$\alpha = (\bar{y} - \frac{s_{xy}}{s_x^2})\bar{x}$$

$$\beta = \frac{s_{xy}}{s_x^2}$$

ここで，$\bar{x}, \bar{y}$ はそれぞれ x の平均と y の平均，s_x は x の標準偏差を表し，s_{xy} は前項で登場した x と y の共分散を表している．

求まった回帰直線 ($\hat{y}=75.95+1.18 \times x$) はさまざまな面で利用可能である．たとえば，いまはデータのない 30 歳に対する血圧値を予測したければ，$75.95+1.18 \times 30=111.35$ と計算して，30 歳の血圧値を予測することが可能である．

3-2．回帰直線のあてはまりの確認

それぞれ 10 人の患者から年齢 x と血圧値 y のデータを観測して，回帰直線を求め，それを描いた結果を**図7**に示す．回帰直線 (A), (B) を見比べてみると，明らかに (A) より (B) の回帰直線のほうがデータによくあてはまっていることがわかる．つまり (B) のほうが，予測の観点からも優れた回帰直線であるといえる．このように，回帰直線を求めた際には，そのあてはまりを確認することが重要である．

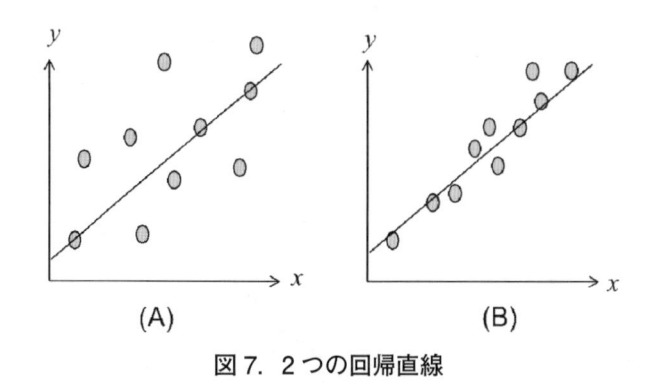

図7．2つの回帰直線

求まった回帰直線が，どの程度データを説明し得るものなのかを示す指標として，**決定係数**が知られている（また，**寄与率**として決定係数をパーセント表示した値も知られている）．決定係数は以下の式で表される．

$$決定係数 = \frac{\sum_{i=1}^{n}(\hat{y}_i - \bar{y})^2}{\sum_{i=1}^{n}(y_i - \bar{y})^2}$$

i は各患者, y_i は各患者の y の値, n はデータ数, $\hat{y}_i$ は $\hat{\alpha}+\hat{\beta} \times x_i$ から得られる値を表し, $\bar{y}$ は y の平均を表す。決定係数は0から1の値を取り, 回帰直線がデータにあてはまっているほど, 1に近い値を取る。また, 決定係数は相関係数の2乗に等しいという性質を持つ。ちなみに, 前項で求めた回帰直線に対する決定係数は0.95で, 非常にあてはまりが良い回帰直線であることがわかる。決定係数に関する詳細は専門的な統計学の本を参照されたい[2-3]。

■参考文献
1) Armitage P, Berry G：医学研究のための統計的方法, サイエンティスト社, 2001
2) 松原望：入門統計解析（医学・自然科学編）, 東京図書, 2007
3) 古川俊之, 丹後俊郎：新版 医学への統計学, 朝倉書店, 1993

問題と解答

7人の患者から, 以下の年齢と血圧値 (mmHg) が得られた。問題1～問題3に答えよ。

患者番号	年齢	血圧値
1	24	122
2	56	144
3	25	109
4	19	110
5	33	125
6	45	130
7	60	143

第 1 章　基礎編

問題 1. 年齢と血圧値の相関係数の値で正しいのはどれか。1 つ選べ。

 a）0.75
 b）0.85
 c）0.95
 d）-0.85
 e）-0.75

解答　c

$$r_{xy} = \frac{s_{xy}}{s_x s_y} = \frac{218.76}{(16.36) \times (14.09)} \fallingdotseq 0.95$$

問題 2. 年齢と血圧値の相関係数に対して適切な解釈はどれか。1 つ選べ。

 a）年齢が高いほど血圧値は低い。
 b）年齢と血圧値の間に関連性はない。
 c）年齢と血圧値の間には正の相関関係がある。
 d）年齢が低いほど血圧値は高い。
 e）年齢と血圧値の間には負の相関関係がある。

解答　c

相関係数は 0.95 であるため，年齢と血圧値の間には正の相関関係がある。

問題 3. 血圧値の年齢への回帰直線の傾きとして正しいのはどれか。1 つ選べ。

 a）0.62
 b）0.72
 c）0.82
 d）0.92
 e）1.02

解答　c

$$\beta = \frac{s_{xy}}{s_x^2} = \frac{218.76}{(16.36)^2} \fallingdotseq 0.82$$

第1章 ● 基礎編

8. 臨床研究計画法と EBM

KEY WORD 臨床研究, 研究仮説, プロトコル, バイアス, エンドポイント, EBM, エビデンスレベル, 相対リスク減少率, 絶対リスク減少率, 治療必要数, 内的妥当性, 外的妥当性

1. はじめに

本章では第1節から第7節まで，基礎統計学の基本を扱ってきた。本節では，基礎から応用への橋渡し的な内容として，臨床研究の計画や，研究論文を批判的に吟味する上で重要となる臨床研究計画法と，EBM（evidence-based medicine）について述べる。

2. 臨床研究計画法

2-1. 臨床研究と基礎研究の違い

臨床研究（clinical research）は人を対象とする研究を総称する（詳細は第2章の第5節「観察研究」，第6節「介入試験・メタアナリシス」を参照）。自然科学系の研究計画を立案する場合，その根本的な流れは，臨床研究であれ基礎研究であれ，変わるものではない。すなわち，まずはじめに研究仮説（目的，テーマ）を設定し，その仮説を証明するための研究デザイン，対象，評価方法，評価項目（エンドポイント）等を決める。次いで，実際に研究を開始し，データ収集，統計解析を行い，仮説を検証し，結果をまとめ，報告（学会・論文発表）するといった一連の流れである（図1）。

それでは，臨床研究と基礎研究の違いはどこにあるのであろうか？　その違いは，以下の3項目に要約される。

(1) 臨床研究は変動（variation, 誤差）を制御することから始まる。
(2) 臨床研究はやり直しが困難である。
(3) 臨床研究はチーム（組織）で行う。

臨床研究が基礎研究と大きく異なる点は，人を対象とするがゆえに生じる変動要因を制

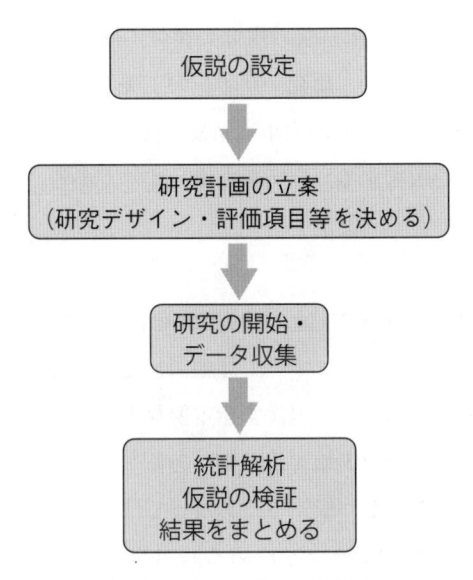

```
        ┌─────────────┐
        │  仮説の設定  │
        └──────┬──────┘
               ↓
    ┌──────────────────────┐
    │    研究計画の立案     │
    │(研究デザイン・評価項目等を決める)│
    └──────────┬───────────┘
               ↓
        ┌─────────────┐
        │  研究の開始・ │
        │  データ収集   │
        └──────┬──────┘
               ↓
        ┌─────────────┐
        │   統計解析    │
        │   仮説の検証  │
        │ 結果をまとめる │
        └─────────────┘
```

図1. 研究の流れ（概略）

御する方法論が必要なことにある．もちろん，動物や細胞を扱う基礎研究でも，得られるデータにはばらつきを伴い，変動要因が存在する．しかし，マウスやラット等のげっ歯類の実験で行われているように，動物種や年齢，性別，体重，飼育環境（食餌やケージ内温度等）は一定に揃えることができる．

　一方，臨床研究では，被験者の背景因子（年齢，性別，体重，人種，生活環境，食習慣，飲酒・喫煙習慣，運動習慣，疾患の種類・重症度，服用薬，サプリメントの摂取等）は多様であり，それら変動要因を揃えることは容易ではない．また上記の多様性から，同じ研究計画であっても，同じ条件で研究を繰り返すことは困難である．さらに，臨床研究は研究者のみが1人で行うものではなく，被験者や医療スタッフと共にチームを組んで協力し合って行うものである．そのため計画段階から，変動要因を制御する方法や，データを正確に測定し収集する手順を明確にし，研究に携わる者が情報を共有し実施する必要がある．

2-2. バイアスとばらつき

　データを扱う上で生じる誤差（variation）には，バイアス（bias）とばらつき（variability）があり，統計学的には両者を合わせて変動と呼ぶ[1]．

$$\text{変動（誤差）} = \text{バイアス} + \text{ばらつき}$$
$$\quad\quad\quad\quad\quad\text{（系統誤差）}\quad\text{（偶然誤差）}$$

　バイアスは変動要因としての系統的な偏り（系統誤差）を示し，その大小は確度（accuracy）で評価される．バイアスは臨床研究のさまざまな場面，たとえば，開始前の

文献調査，対象集団の選定，（臨床試験の場合）割付，評価・測定，統計解析，出版時等で生じ得る。これらのバイアスは，研究デザインの工夫等により制御する必要がある。一方，ばらつきは偶然誤差を表し，その大小は精度（precision）で評価される。ばらつきの制御には，評価・測定法を改善する，症例数を増やす等がある。

2-3. 実施計画書

　実施計画書（プロトコル；protocol）は，臨床研究を行うに際し，その内容（目的，対象，方法，統計学的考察および組織等）について詳細に規定した計画書である。プロトコルは臨床研究の科学性・倫理性・信頼性を担保する重要な書類であり，研究に携わる者すべてが，プロトコルを遵守して研究を実施する必要がある[2,3]。

　臨床研究を計画しプロトコルを作成するにあたっては，研究仮説，すなわち目的（テーマ）の設定がまず必要となる。良いテーマを決める基本的な考えとして，FINERと呼ばれる5項目がある[4]。その内容は，実施可能性(feasible)，科学的興味(interesting)，新知見(novel)，被験者保護（ethical)，社会的意義（relevant）である。プロトコルを作成するにあたっては，さらに，研究結果が統計学的に評価できるように計画されているかが，非常に重要である。以上を具体的にまとめると，以下のようになる。

- 新たな（解決していない）知見があるか？
  （先行研究結果が研究計画に的確に反映されているか？）
- 臨床が持つ問題への還元（社会への貢献）が，具体的に期待できるか？
- 研究結果が統計学的に評価できるように計画されているか？
  仮説に基づいた妥当な研究デザインか？　比較可能性は？　一般化は可能か？
  （目的・研究デザイン・評価項目等に整合性があるか？）
- 被験者となる患者や健康人の人権が十分に保護されているか？
  リスクを最小にする研究デザインか？（介入・対照の内容，検査の負担，個人情報保護の的確な取り扱い等）
- 実施可能な内容か？

　以下，プロトコルで記載される項目の中で，背景情報と目的，研究デザイン，適格基準，統計学的考察に関する具体的な留意点について述べる（詳細は第2章の第5節，第6節を参照）。

2-3-1. 背景情報と目的

　背景情報と研究の目的は，その臨床研究を行う意義に相当し，最も重要な部分である。研究を実施するに至った経緯，すなわち

- いままでに何がどの程度までわかっているのか？

- 今回の研究で何が新たに付与されるのか？ 研究仮説（目的）は何なのか？
- 研究の社会的意義は何なのか？

を明確にする。背景情報では，さらに，被験者に対するリスクとベネフット，対象集団，医薬品であれば投与量・投与法に関する説明と根拠等の記載を設定していく。

2-3-2．研究デザイン

臨床研究の科学性は本質的に研究デザインに依存する。研究デザインが臨床研究の目的を達成できるように科学性に設定されているかは，極めて重要である。主要および副次エンドポイントは何なのか，ランダム化を行っているのか，盲検化されているのか，そのレベルは単盲検・二盲検重・三重盲検のいずれか，比較は群間比較あるいはクロスオーバー法によるか，医薬品やサプリメントであれば用量変更はあるか，対照薬の設定はプラセボあるいは既存の標準薬なのか等を確認する。

2-3-3．適格基準

適格基準（選択・除外基準）は，臨床試験の対象となる被験者を的確に選択するとともに，被験者の安全を確保する人権保護の立場からも重要である。選択・除外基準は，有効性や安全性の評価への影響を考慮して設定されるので，その設定根拠を十分に理解する必要がある。また，記載された内容で具体的な数値等が示せないような曖昧な表現があると，臨床研究チーム内で解釈の不一致をもたらすことがあり，注意が必要である。

2-3-4．統計学的考察

研究データを統計解析によりどのように扱うかは，データを評価する上で極めて重要であり，研究の正確性を担保する根底といってもよい。統計学的考察では，以下の事項に留意する。

- 実施しようとする比較は何か？（プラセボ，実薬 - 標準治療薬，無対照 - 前後比較等）
- 解析に用いる統計手法は何か？（優越性，同等性，非劣性における検定方法等）
- 適切な症例数設計とその設定根拠は明示されているか？〔αエラー，パワー（検出力）の検定等〕
- 解析対象集団は特定されているか？〔登録されたすべての被験者が対象か，被験薬をプロトコル通り投与された被験者が対象か等：intention to treat（ITT），full analysis set（FAS），per protocol set（PPS）といった解析対象集団の特定〕

3. EBM

3-1. EBM の定義

EBM とは，科学的根拠（エビデンス；実証）に基づいた医療をいう。昨今の医薬学の進歩に伴い治療の選択肢は飛躍的に増大し，それに伴い患者の治療に対する要求も高まり，かつ多様化した。その一方で，医療費の上昇という経済的問題も加わり，EBM は現在，臨床決断を下す上で欠くことのできない手法となっている[5]。

EBM は，1990 年代初頭に Guyatt GH により提唱され，その後，1996 年に Sackett DL が「現今の最良のエビデンスを，良心的，明示的そして妥当性のある用い方をして，個々の患者の臨床決断を下すこと」と定義した[6]。その後，2001 年に Sackett DL はさらに EBM を，"EBM is the integration of research evidence with clinical expertise and patient value"（リサーチから得られたエビデンス，臨床現場の状況，患者の価値観を統合したもの）と言い換え，これらが現在の EBM を表す定義として継承されている[7,8]。

3-2. EBM のステップ

EBM は，以下の 5 ステップにより行われる（図 2）。

```
┌─────────────────────┐
│ ステップ 1：        │
│ 患者の問題の定式化  │
└─────────────────────┘
          ↓
┌─────────────────────┐
│ ステップ 2：        │
│ 文献検索等によるエビデンスの収集 │
└─────────────────────┘
          ↓
┌─────────────────────┐
│ ステップ 3：        │
│ 批判的吟味（内的妥当性の評価） │
└─────────────────────┘
          ↓
┌─────────────────────┐
│ ステップ 4：        │
│ 患者への適応（外的妥当性）を吟味 │
└─────────────────────┘
          ↓
┌─────────────────────┐
│ ステップ 5：        │
│ ステップ 1～4 のプロセスの評価 │
└─────────────────────┘
```

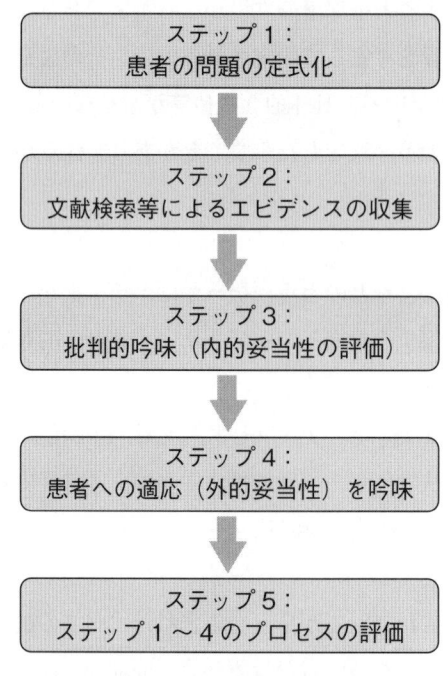

図 2．EBM のステップ

3-2-1．ステップ 1：患者の問題の定式化

ここでは，目の前の患者にとって最も臨床的に重要な問題（clinical question）を，具体的に定式化する（研究計画を立てる場合には，clinical question をさらに research question

にまで進める必要がある)。

問題の定式化にあたっては，PECO（PICO）と略される項目に沿って具体的に明示する。
- patient： どのような患者で
- exposure： 何に暴露される，あるいは介入（intervention）されると
- comparison：何と比較して
- outcome： どのような結果になるか

3-2-2．ステップ2：文献検索等によるエビデンスの収集

ステップ1において患者の問題を定式化したあとは，その問題をキーワード化し，MEDLINE等の2次資料を用い文献検索し，質の高い研究論文を効率的に選択・収集する。質の高い論文は，ピアレビューに耐えたエビデンスレベルの高い研究論文である。エビデンスレベルは，メタアナリシス，ランダム化比較試験，コホート研究，症例対照研究，症例蓄積研究，症例報告，専門家の意見の順に高い[9]（図3）。

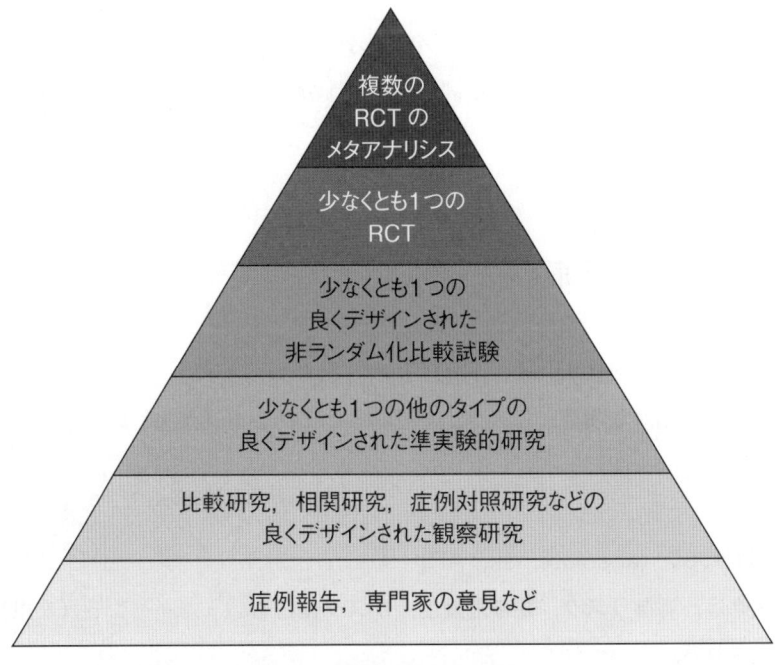

図3．エビデンスレベル
（ピラミッドの上に行くほど，エビデンスレベルは高い[9]）

ピラミッド（上から下）：
- 複数のRCTのメタアナリシス
- 少なくとも1つのRCT
- 少なくとも1つの良くデザインされた非ランダム化比較試験
- 少なくとも1つの他のタイプの良くデザインされた準実験的研究
- 比較研究，相関研究，症例対照研究などの良くデザインされた観察研究
- 症例報告，専門家の意見など

3-2-3．ステップ3：研究論文の批判的吟味

ステップ2で得られたオリジナル研究論文を読み，その内容を批判的に吟味する。ここでは，内的妥当性〔internal validity／比較可能性（comparability）ともいう〕を十分に検討し，エビデンスの強さ（strength of evidence）を吟味する。すなわち，まず試験デザインにおいては，治療評価を困難にさせるバイアス（変動要因としての系統的な偏り）があれば，

その対策（ランダム化，盲検化等）が講じられているかを検討する．次いで，追跡率はどのくらいか，統計解析の手法は的確か等を見る．また，エンドポイントの種類（真のエンドポイント，代替エンドポイント等）や，解析対象集団（ITT，FAS，PPS）の解析も注意して吟味する（第2章の第5節，第6節を参照）．

3-2-4．ステップ4：情報の患者への適応

ここでは，ステップ3で批判的に吟味した論文が，目の前の患者に適応できるか（外的妥当性；external validity），すなわち目標とする集団への一般化（generalizability）が可能かどうかを評価する．どんなにエビデンスが強くても，目の前の患者に対して適応する妥当性がなければ，臨床的な決断を下すことはできない．ステップ4で検討すべき内容は，ベースラインリスク，病態生理，合併症等の臨床現場の状況と，患者の価値観（preference），さらに経済効果等である．これらを総合して，個々の患者にとって最も有益と考えられる臨床決断を行う．

3-2-5．ステップ5：ステップ1〜4のプロセスの評価

以上のステップ1〜4のプロセスを評価し，不十分であれば再度ステップを戻り，作業を繰り返す．

3-3．EBMの重要用語

EBMの評価に必要な重要用語を以下に示す．

3-3-1．相対リスク（relative risk, RR）

相対リスクは，**相対危険度，リスク比**ともいう．イベント（疾患）の罹患率の比で表される．

3-3-2．絶対リスク（absolute risk, AR）

絶対リスクは，**寄与リスク，寄与危険度，リスク差**ともいう．イベント（疾患）の罹患率の差で表される．

3-3-3．オッズ（odds）

オッズ（odds）とは，ある事象が起こりそうにない確率に対する，その事象が起こりそうな確率の比のことである．

3-3-4．オッズ比（odds ratio, OR）

ある条件である事象が起こるオッズと，その条件がない場合にその事象が起こるオッズ

との比をいう。すなわち，暴露あるいは介入がある条件で疾患が起こるオッズと，暴露あるいは介入がない条件で疾患が起こるオッズの比で表される。

3-3-5．相対リスク減少率（relative risk reduction，RRR）
　コントロール群と介入群で，リスク（イベント発生）が相対的にどの程度減少したかを示す指標である。相対的な値であるため，ベースラインの発生率の違いは反映されない点，注意を要する。

　　　　相対リスク減少率（RRR）の計算：
　　　　　　RRR =（CER-EER）/ CER
　　　　　　CER : control event rate
　　　　　　EER : experimental event rate

3-3-6．絶対リスク減少率（absolute risk reduction，ARR）
　コントロール群でのイベント発生率と介入群でのイベント発生率の絶対的な差を示したものである。ARR は，治療必要数の基となる指標である。治療効果とともに，RRR で欠けていたベースラインの発生率も反映する。

　　　　絶対リスク減少率（ARR）の計算：
　　　　　　ARR = CER-EER

3-3-7．治療必要数（number needed to treat，NNT）
　ARR の逆数を取ったものである。1 つのイベント発生を抑制するために介入しなければならない患者数を示す。

　　　　治療必要数（NNT）の計算：
　　　　　　NNT = 1/ARR

　ARR に比べ，より直感的に介入の効果を伝える点で優れており，医療経済学的な効果を検討する上でも重要な指標である。なお，危険因子の影響を表す指標として，**害必要数（number needed to harm，NNH）**が使われる。

第1章 基礎編

■参考文献
1）大門貴志：生物統計学．創薬育薬医療スタッフのための臨床試験テキストブック〔中野重行（監），小林真一，山田浩，井部俊子（編）〕，pp. 269-275，メディカル・パブリケーションズ，2009
2）山田浩：臨床試験実施計画書・試験薬概要書の効果的な読み方．創薬育薬医療スタッフのための臨床試験テキストブック〔中野重行（監），小林真一，山田浩，井部俊子（編）〕，pp. 146-149，メディカル・パブリケーションズ，2009
3）山田浩：ランダム化比較試験を計画する．臨床研究と論文作成のコツ〔松原茂樹（編）〕，pp. 253-262，東京医学社，2011
4）Cummings SR，Browner WS，Hulley SB：リサーチクエスチョンを考え，研究計画を策定する．医学的研究のデザイン 第4版－研究の質を高める疫学的アプローチ－〔木原雅子，木原正博（訳）〕，pp. 16-25，メディカル・サイエンスインターナショナル，2014
5）山田浩：EBMの実際．医薬品情報学 workbook〔望月眞弓，山田浩（編）〕，pp. 148-154，朝倉書店，2015
6）Sackett DL, Rosenberg WMC, Gray JAM, Haynes RB, Richardson, WS：Evidence based medicine：What it is and what it isn't. BMJ 312：71-72, 1996
7）Haynes RB, Devereaux PJ, Guyatt GH：Clinical expertise in the era of evidence-based medicine and patient choice. ACP Journal Club 136：A11-14, 2002
8）Straus SE, Paul Glasziou, Richardson WS, Haynes RB：Evidence-based Medicine：How to practice and teach it – 4th ed, Elsevier Churchill Livingstone, 2011
9）山田浩：臨床研究の基礎知識．日本臨床薬理学会認定CRC試験 対策講座，pp. 25-41，メディカル・パブリケーションズ，2009

問題と解答

問題1．バイアスの記載で正しいのはどれか．1つ選べ．

a）バイアスは偶然変動のことである．

b）バイアスは統計学的分析で除去できる．

c）バイアスとは一定方向の偏りをいう．

d）バイアスは研究開始時には入らない．

e）バイアスは研究中には入らない．

解答　c

バイアスは系統誤差を意味し，一定方向の偏りであり，研究デザインにより排除するものである．バイアスは，研究開始時の割付時や，研究中の観察項目測定時に生じる可能性がある．

問題 2. 下表は新規開発ワクチン A の肺炎球菌感染の発症予防効果を調べたランダム化比較試験の結果である。相対リスク減少率（relative risk reduction, RRR），絶対リスク減少率（absolute risk reduction, ARR），治療必要数（number needed to treat, NNT）を，それぞれ求めよ（率はパーセントで記載。小数点以下は四捨五入）。

	発症あり	発症なし
新規開発ワクチン A 群	10 人	190 人
コントロールワクチン B 群	30 人	170 人

解答

・相対リスク減少率（RRR）= (CER-EER) /CER
  = (30/200-10/200) / (30/200) = 0.67（67％）
・絶対リスク減少率（ARR）= CER-EER
  = 30/200-10/200 = 0.1（10％）
・治療必要数（NNT）= 1/ARR = 1/0.1 = 10 人

問題 3. 60 歳女性。骨粗鬆症の新規治療薬 A は，服用しない場合と比べて骨折率が 20％減少することが知られている。骨密度検査の結果をもとに WHO 骨折リスクツールで 10 年以内の骨折の発生率は 6.0％と推定された。新薬 A の効果を説明するための NNT の近似値はどれか。1 つ選べ。

a) 20
b) 34
c) 56
d) 83
e) 92

解答　d

新薬を服用しない場合の骨折発生率は6.0％であり，新薬の服用により，そのリスクは20％減少する。解答をわかりやすくするために，仮に1000人の集団を考えてみる。新薬を服用しなかった場合 1000 × 0.060 = 60人 が骨折すると考える。新薬は，そのうち20％骨折リスクを減少するので，発症者は，

　　　60人 × 0.8 = 48人 となる。

したがってARRは，

　　　60/1000 － 48/1000 = 12/1000

NNTはARRの逆数であるので，1000/12 = 83 となる。

第2章

応用編

1. 分散分析と多重比較
2. 多変量解析
3. 生存時間解析法
4. 疫学概論
5. 観察研究
6. 介入試験・メタアナリシス
7. 生物統計家から見た臨床開発における
   データマネジメント／統計解析
8. モニタリングの実際
9. 監査の実際

第2章 応用編

1. 分散分析と多重比較

KEY WORD 3群以上の比較，分散分析（一元配置分散分析，二元配置分散分析），F値，検定の繰り返しと第一種の過誤，多重比較

1. 分散分析

　第1章「基礎編」では，2つの独立した母集団（群）から得られた平均値の差の検定について学習した（基礎編「1-5. 検定Ⅱ」参照）。本節では，3つ以上の独立した母集団にその概念を拡張した**分散分析**（analysis of variance, ANOVA）について説明する。分散分析は，ある医薬品について異なる用量を投与したA，B，C群における作用の違いを比較する場合等に適用することが可能であり，汎用される。また，取り扱う因子（例：投与量や年齢）の数に応じて**一元配置分散分析**，**二元配置分散分析**に分類される。

1-1. 分散分析の概要と適用条件

　分散分析では3つ以上(k個)の群について母平均を比較する。具体的には，分散分析表(**表1**)から得られる検定統計量の不等式（式1, αは有意水準）の大小関係から帰無仮説（H_0），「すべての群の母平均は互いに等しい（3群の場合，$\mu_1=\mu_2=\mu_3$）」を検定する（**図1**）。

表1. 分散分析表

変動の要因	平方和	自由度	平均平方	F_0
水準間の変動	S_B	$k-1$	V_B	$\dfrac{V_B}{V_W}$
水準内の変動	S_W	$N-k$	V_W	

k, 水準の数; $N = n_1 + n_2 + \cdots + n_k$ (n_iは各群の標本数)

$$F_0 = \frac{V_B}{V_W} \geq F_{(k-1, N-k)}(\alpha) \qquad (1)$$

　分散分析の適用条件は，
1) 母集団分布は正規分布に従う
2) 各群の母分散が等しい

μ_1　μ_2　μ_3

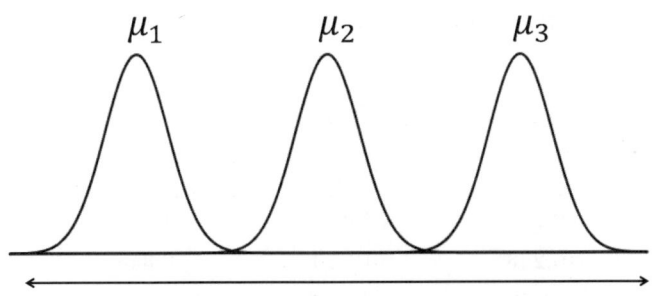

「すべての群の母平均は互いに等しい」のだろうか？
→ いずれかの群で母平均に有意な差があるのかを調べる

図1．分散分析の概念
$\mu_1 \sim \mu_3$ は母平均を表している

2群ごとの母平均の比較を行うことはできない

μ_1　μ_2　μ_3

いずれかの群で母平均に有意な差があるのかを調べる

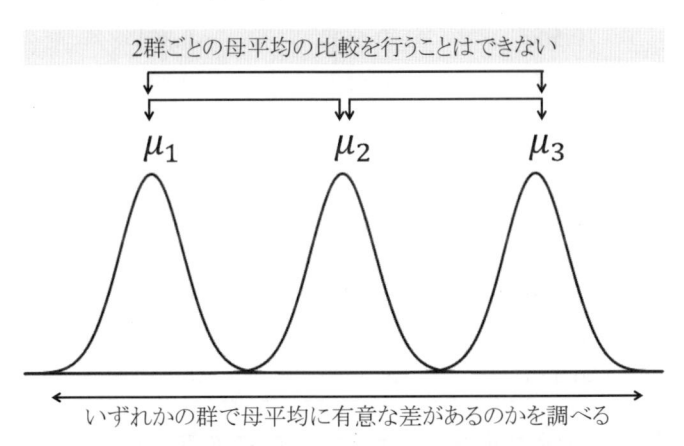

図2．分散分析による母平均の比較と留意点

であり，条件を満たさないデータに対しては分散分析を適用することができない（母集団分布に正規性を仮定しない場合（ノンパラメトリックな手法）については後述の「1-3．ノンパラメトリックな手法—Kruskal-Wallis 検定」を参照）。

　また，分散分析では k 個の群の母平均は互いに等しいという帰無仮説に基づいて検定を行っている。H_0 が棄却された場合には「k 個の群の母平均が互いに等しいとはいえない」という結果を示すことができる。一方，k 個の群すべての母平均に互いに有意な差があるのか，その一部だけに有意な差があるのかを示すことはできない（**図2**）。2群ごとの比較については，多重比較の項で解説する（「2．多重比較」を参照）。

1-2．一元配置分散分析

　次に，具体的な例を通して一元配置分散分析についての学習を進める。
〔例題〕血糖降下薬の効果を評価する目的で実施された臨床試験のデータを得た。プラセボを投与された A 群，実薬を異なる用量で投与された B，C 群について，投与開始12週後のヘモグロビン A_{1c}（HbA_{1c}）（%）のベースライン値（投与開始前に測定された値）からの変化（**表2**）を比較する。

第2章 応用編

（注：データは引用文献5の最小二乗平均値を参考に乱数を発生させ加工したものであり，当該臨床試験のデータとは異なる）

表2．ヘモグロビン A_{1C}（HbA_{1C}）（%）のベースライン値からの変化

A	B	C
-0.221	-0.602	-1.177
-0.238	-0.731	-0.848
-0.693	-0.812	-0.424
-0.748	-0.396	-1.136
-0.191	-0.400	-1.034
-0.267	-0.377	-0.503
-0.506	-0.651	-0.331
0.246	-0.657	-0.971
0.218	-1.041	-0.052
-0.461	-0.894	-1.014
-0.174	-0.379	-0.863
-0.658	-0.364	-0.295
-0.570	-0.836	-0.712
-0.511	-1.073	-0.231
-0.436	-0.142	-0.326

3つの群の母平均をそれぞれ μ_1, μ_2, μ_3 として，「すべての群の母平均は互いに等しい（3群の場合，$\mu_1=\mu_2=\mu_3$）」という帰無仮説の検定を行う．1-1に示した分散分析表には，「**水準間の変動**」と「**水準内の変動**」という用語が含まれている．水準間の変動とは，A，B，C群全体のばらつき（標本平均のばらつき）を，水準内の変動とはA，B，C群のそれぞれの群内でのばらつきを示している（図3）．水準間の変動は式2（添字 "B" は between の頭文字）より，水準内の変動は式3（添字 "W" は within の頭文字）よりそれぞれ求められ

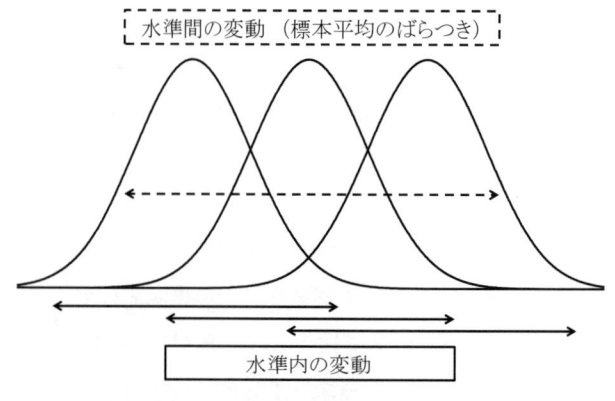

図3．水準間の変動と水準内の変動
水準間の変動を破線で，水準内の変動を実線で示した

る（式中の n_i は各群の標本数，k は水準の数，$\overline{x}_i$ は水準平均，$\overline{x}$ は総平均，s_i^2 は標本分散を表している）。

$$V_B = \frac{n_1(\overline{x}_1 - \overline{x})^2 + n_2(\overline{x}_2 - \overline{x})^2 + \cdots + n_k(\overline{x}_k - \overline{x})^2}{k-1} \quad (2)$$

$$V_W = \frac{(n_1 - 1)s_1^2 + (n_2 - 1)s_2^2 + \cdots + (n_k - 1)s_k^2}{n_1 + n_2 + \cdots + n_k - k} \quad (3)$$

例題のデータから作成される分散分析表は次の通りである（**表3**）。

表3. 例題のデータから作成される分散分析表

変動の要因	平方和	自由度	平均平方	F_0
水準間の変動	$S_B = 0.881$	$k - 1 = 3 - 1$	$V_B = \dfrac{0.881}{3-1}$	$\dfrac{V_B}{V_W} = \dfrac{\frac{0.881}{3-1}}{\frac{4.247}{45-3}}$
水準内の変動	$S_W = 4.247$	$N - k = 45 - 3$	$V_W = \dfrac{4.247}{45-3}$	

k, 水準の数；$N = n_1 + n_2 + \cdots + n_k$ (n_i は各群の標本数)

F_0 は自由度 (k-1 = 3-1 = 2, N-k = 45-3 = 42) の F 分布に従う。このときの自由度はそれぞれ，水準間，水準内の自由度に対応している。また，独立した2標本を扱う場合，分散分析の結果は t 検定の結果と一致する。

それでは，F_0 がどのような値を取るとき，帰無仮説は棄却されるのだろうか。F 分布は自由度 (k-1, N-k) の組み合わせごとに異なる（**図4**）。そして，F_0 が棄却域に含まれる（F_0 が棄却域下限よりも大きな値取る）とき，帰無仮説は棄却され，有意な差があると結論づ

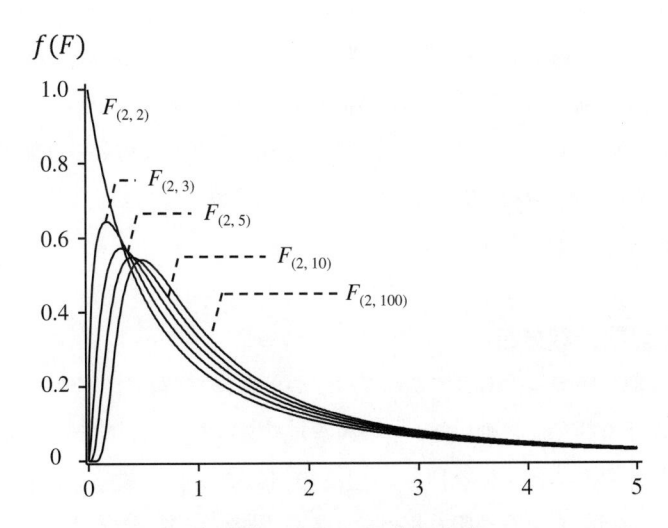

図4. 自由度に応じた F 分布の違い
第一自由度 a，第二自由度 b とする F 分布 $F_{(a, b)}$ について，
$F_{(2, 2)}$, $F_{(2, 3)}$, $F_{(2, 5)}$, $F_{(2, 10)}$, $F_{(2, 100)}$, を示した

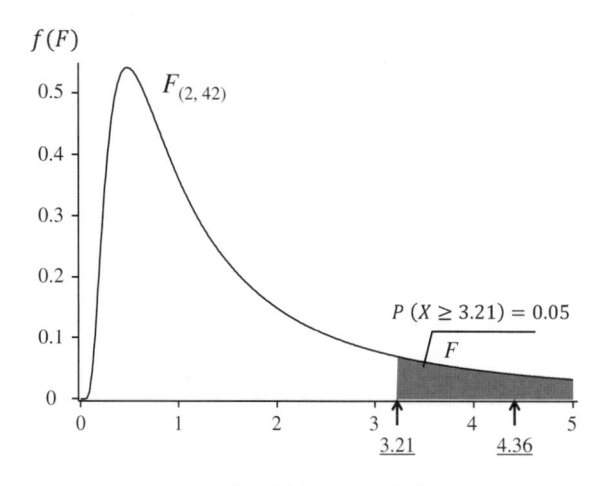

図 5. 棄却域と結果の解釈
$F_{(2, 42)}$ の F 分布，5% 点および例題のデータから算出される検定統計量 F_0=4.36 を示した

ける。例題では，$F_0 = 4.36 > 3.21$ となるため，有意水準 5% で k 個の群の母平均が同一であるとはいえない（＝少なくとも 1 つ以上の母平均が他の母平均と異なる）という結論が得られる（図 5）。

1-3．ノンパラメトリックな手法―Kruskal-Wallis 検定

分散分析を適用することのできる条件の一つとして，「母集団分布は正規分布に従う」ことを述べた。そこで次に，「母集団分布に正規性を仮定しない（＝ノンパラメトリックな）」場合について考える。基礎編では，対応のない 2 群の母平均の比較を行うためのノンパラメトリックな手法として Wilcoxon の順位和検定（rank-sum test）（Mann-Whitney の U 検定）を学んだ（基礎編「1-5．検定 II」を参照）。3 群以上の場合，**Kruskal-Wallis 検定**を代表的な手法として用いる。Kruskal-Wallis 検定では，Wilcoxon の順位和検定と同様に，データを順位化し，検定を行う。また，分散分析と同じく帰無仮説（H_0），「すべての群の母集団の中央値は互いに等しい」を検定するため，いずれの群の間で有意な差があるのかを示すことはできない（詳細は参考文献 1，2 を参照されたい）。

1-4．二元配置分散分析

一元配置分散分析では，着目する因子は 1 つ（1-2 の例題ではプラセボまたは用量の違いという「投与薬剤」に関連した 1 つの因子）であった。二元配置分散分析では，他の 1 つの因子を加え，2 つの因子に着目する。1-2 の例題において，投与薬剤の因子に加えて「年齢」の因子を考慮する場合，図 6 を作成することができる。二元配置の場合，「2 つの因子が互いに影響を及ぼしているか（＝**交互作用**）」，について考慮しなくてはならない。互いに影響を及ぼしていないのであれば，それぞれの因子ごとに議論をすることが可能であ

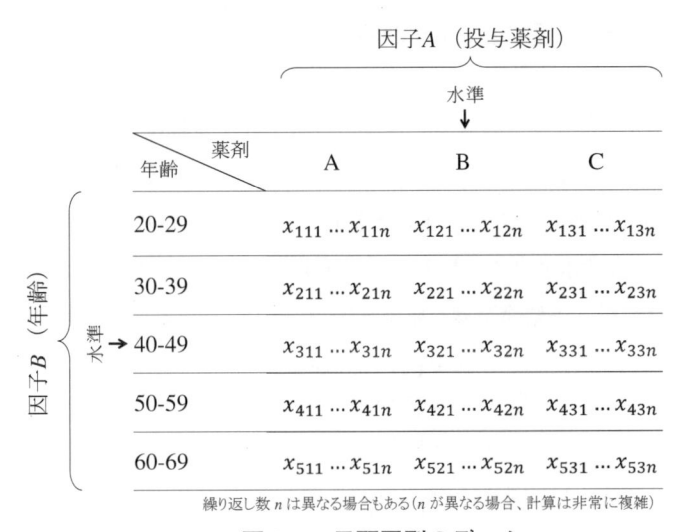

	薬剤	因子A（投与薬剤）		
年齢		A	B	C
20-29		$x_{111} \dots x_{11n}$	$x_{121} \dots x_{12n}$	$x_{131} \dots x_{13n}$
30-39		$x_{211} \dots x_{21n}$	$x_{221} \dots x_{22n}$	$x_{231} \dots x_{23n}$
40-49		$x_{311} \dots x_{31n}$	$x_{321} \dots x_{32n}$	$x_{331} \dots x_{33n}$
50-59		$x_{411} \dots x_{41n}$	$x_{421} \dots x_{42n}$	$x_{431} \dots x_{43n}$
60-69		$x_{511} \dots x_{51n}$	$x_{521} \dots x_{52n}$	$x_{531} \dots x_{53n}$

（因子Aの水準、因子B（年齢）の水準）

繰り返し数 n は異なる場合もある（n が異なる場合、計算は非常に複雑）

図6. 二元配置型のデータ

投与薬剤を因子A，年齢を因子Bとして二元配置型のデータを示した。
因子A，Bをいくつかの段階に分けた条件を水準という

るが，互いに影響を及ぼしている場合，それぞれの因子を切り離して考えることはできない。そのため，2つの因子 A, B を組み合わせた(A, B) を1つの因子と考える。すなわち，$(A_1 \sim A_a, B_1 \sim B_b)$ の組み合わせ (A_i, B_j) 1つの水準とみなし，$a \times b$ 個の水準 $<(A_1, B_1)$，(A_1, B_2)，…，(A_2, B_1)，(A_2, B_2)，・・・，$(A_a, B_b)>$ を1つの因子とした一元配置分散分析を行う。ただし，(A_i, B_j) のいずれかで繰り返し数が異なる場合には計算が複雑になり，他の統計学的手法の選択を考慮する必要が生じる。

2. 多重比較

　分散分析で帰無仮説が棄却され母平均に有意な差があると結論づけられたとき，すべての群の母平均に互いに有意な差があるのか，その一部だけに有意な差があるのかを示すことはできない。「どの群間に差があるのか」を調べるためには，多重比較を行う必要がある。基礎編では，2つの独立した母集団（群）から得られた平均値の差の検定について学習した。3つ以上の群について比較を行う場合，Student の t 検定や Wilcoxon の順位和検定などの2群の比較を繰り返すことは，第一種の過誤（正しい帰無仮説 H_0 を誤って棄却すること）を生じる可能性を高める。そのため，第一種の過誤を制御するための方法である多重比較法を適用する必要がある。はじめに，2群の比較を繰り返すことにより第一種の過誤を生じる可能性が高まる理由を考え，多重比較法について学習する。併せて，1-2の例題を用いて解析の実例を紹介する。

2-1. 2群の比較を繰り返すことの問題点

　2群の比較を繰り返すことは第一種の過誤を生じる可能性を高める。その理由について，具体的に考えたい。そこで，3つの等しい母集団から1群ずつ抽出することにより得られた3群（A，B，C群）の比較について，2群ごとの比較を繰り返す場合を取り扱う。このとき，A群対B群，B群対C群，C群対A群について計3回の検定を行う。それぞれの検定は独立であり，有意水準は5%とする。H_0「すべての組み合わせについて差がない」を棄却しない確率（＝正しい結論を導く確率）は，

$$P = (1 - 0.05)^3$$
$$= (0.95)^3$$
$$= 0.857$$

となる。すなわち，3回の検定のうちで少なくとも1回，帰無仮説が棄却される確率は，

$$P = 1 - 0.857$$
$$= 0.143$$

となる。3回の検定のいずれも帰無仮説が正しいことを前提としているため，この0.143（14.3%）が第一種の過誤を生じる確率であり，有意水準の5%を大きく上回っている。t検定の繰り返しと同様に，分散分析と多重比較を併用することによっても第一種の過誤を生じる可能性は高まる。そのため，手順の中に併用することが明記されていない限り，分散分析は多重比較と併用すべきでない。

2-2. 多重比較の方法I―パラメトリックな手法

　正規分布を前提とした（パラメトリックな）手法は複数存在し，等分散性の仮定の違いにより適用する手法が異なる。そこで，等分散性の仮定の違いにより手法を分け，それぞれの特徴を概説する。具体的な数理については参考文献4に示されている。

2-2-1. 等分散性が仮定できる場合
（1）Tukeyの方法
　すべての群間の母平均を同時に比較するための手法である。各群の標本数が等しい場合，Tukey HSD（Honestly Significant Difference）法，標本数が異なる場合，Tukey-Kramer法を適用する。Tukeyの方法は，後述のScheffeの方法に比較して狭い信頼区間を与えるため，検出力が高い。
（2）Dunnettの方法
　1つの対照群と2つ以上の処理群の母平均について，対照群と処理群の対比較のみを同時に行う（処理群同士の比較は行わない）手法である。
（3）Scheffeの方法
　Tukeyの方法と同様にすべての群間の母平均を同時に比較するための手法である。また，

対比によりすべての仮説を同時に検定する手法であるため，対照群と2つ以上の処理群をまとめた群を比較することも可能である。Scheffe の方法はその手順に一元配置分散分析を含む。そのため，Scheffe の方法で有意な対比が存在する場合には一元配置分散分析においても有意な結果を与える。検出力は Tukey の手法に比較して低い。

(4) Williams の方法

Dunnett の方法と同様に，1つの対照群と2つ以上の処理群の母平均について，対照群と処理群の対比較のみを同時に行う手法である。各群に順位づけ（$\mu_1 \leq \mu_2 \leq \cdots \leq \mu_a$ または，$\mu_1 \geq \mu_2 \geq \cdots \geq \mu_a$）を仮定でき，単調性（単調増加あるいは単調減少）が想定可能な場合に適用する。

2-2-2．等分散性が仮定できない場合

(1) Gamew-Howell の方法

Welch の t 検定（基礎編「1-5. 検定 II」を参照）を基礎とした方法であり，Tukey 型の比較を行う。各群の標本数が異なる場合には適してない。Welch の t 検定を基礎とした他の手法として，計算効率を向上させた Tamhane の T2 の方法がある。

2-3．多重比較の方法 II─ノンパラメトリックな手法

以下に述べる手法は大標本近似に基づいているため，標本数が少ない場合には近似精度が低下する（標本に同じ順位が存在しない場合であっても，各群の標本数は 10 以上を目安とする）。また，いずれの方法も各群の母分散が等しいことを仮定していることに留意する。

(1) Steel-Dwass の方法

分布の位置を示すパラメータについて，すべての群間で同時に比較するための，順位を用いた方法。Tukey の方法のノンパラメトリック版である。

(2) Steel の方法

1つの対照群と2つ以上の処理群について，分布の位置を示すパラメータを対照群と処理群の対のみで比較するための方法。Dunnett の方法のノンパラメトリック版である。

(3) Shirley-Williams の方法

1つの対照群と2つ以上の処理群について，各群に順位づけがある場合に用いる方法。分布のパラメータに単調性（単調増加または単調減少）を想定できるとき，分布の位置を示すパラメータについて対照群と処理群の対のみで比較するための方法。Williams の方法のノンパラメトリック版である。

2-4．多重比較の方法 III─その他の手法

その他の方法として，比較の方法に関係なく適用可能な Bonferroni の方法（調整法）が挙げられる。2群の比較を繰り返すことにより第一種の過誤を生じる可能性が高くなると

いう問題は，比較を保守的にする（＝厳しい基準を設ける）ことで回避することができる。Bonferroniの方法では，比較ごとの有意水準を比較回数で除することで小さくし，全体の有意水準を保つ。有意水準5％の3群の比較について考えると，2群の比較を3回繰り返すため，比較ごとの有意水準は，

$$\alpha = \frac{0.05}{3}$$
$$= 0.017$$

を用いる。Bonferroniの方法は比較方法を限定せず（検定統計量に依存せず），広く適用可能である半面，「かなり保守的」であり検出力の低下は避けられない。

2-5．多重比較—具体例

2-2〜2-4では，多重比較の手法について概要を学んだ。2-5では，1-2の例題を用いて多重比較を行い，理解を深める。

1-2の例題では，ある血糖降下薬について，プラセボを投与されたA群，実薬を異なる用量で投与されたB，C群の投与開始12週後のHbA$_{1c}$（％）のベースライン値（投与開始前に測定された値）からの変化量を比較した。実薬の有効性を評価するため，対照群であるA群と処理群であるB，C群について，対照群と処理群の対比較を行う（処理群間の比較は行わない）。例題のデータは正規性・等分散性を仮定できるものとして扱う。

正規性・等分散性を仮定でき，対照群と処理群の対比較のみを行う場合，Dunnettの方法を用いる（「2-2-1．等分散性が仮定できる場合」を参照）。Dunnettの方法を用いた比較の結果，

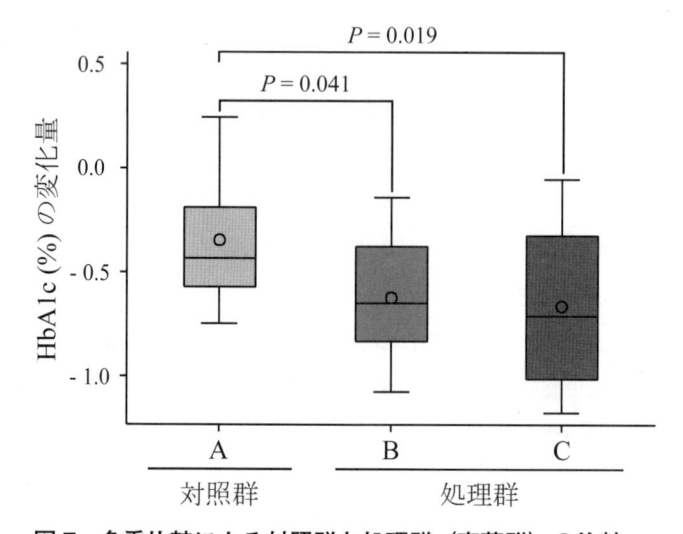

図7．多重比較による対照群と処理群（実薬群）の比較
HbA$_{1c}$（％）の変化量をボックスプロット（箱ひげ図）として示した。
ボックス内の横線は中央値を，○は平均値を示している。
ボックスの上下は第1および第3四分位点，ヒゲの両端は最小値および最大値である

A群（対照群）対B群において$P = 0.041$，A群対C群において$P = 0.019$となり，有意水準を5％とした場合，いずれの用量においても対照群と比較してHbA$_{1c}$（％）の値が有意に低下したことが明らかとなった（図7）。実際の臨床試験では，医学的および生物統計学的な立場から評価項目（例題ではHbA$_{1c}$（％）の基礎値からの変化量）に影響を及ぼす他の要因を考慮した解析を行うが，ここでは単純な比較を行うことで手法についての理解を深めた。解析はRをはじめとした無償のソフトウェアでも実施可能であるため，この節の復習として取り組むことが望ましい。

■参考文献
1）Pagano M, Gauvreau K : Principles of biostatistics, 2nd ed. Duxbury, Pacific Grove, 2000
2）石村貞夫：分散分析のはなし，東京図書，1992
3）丹後俊郎：新版 医学への統計学，朝倉書店，東京，1993
4）永田靖，吉田道弘：統計的多重比較法の基礎，サイエンティスト社，1997
5）Wilding JP, Ferrannini E, Fonseca VA, Wilpshaar W, Dhanjal P, Houzer A : Efficacy and safety of ipragliflozin in patients with type 2 diabetes inadequately controlled on metformin : a dose-finding study. Diabetes Obes. Metab 15 : 403-409, 2013
6）高浪洋平，舟尾暢男：統計解析ソフト「SAS」，工学社，2012
7）舟尾暢男：The R Tips 第2版―データ解析環境Rの基本技・グラフィックス活用集―，オーム社，2009

問題と解答

問題1．分散分析に関する記述のうち，正しいのはどれか。2つ選べ。

a）母集団分布が正規分布に従うデータの比較検定に適している。
b）分散が等しくないデータの比較検定に適している。
c）分散分析の結果として得られるF値は，等分散性の指標として用いられる。
d）3つ以上の独立した群の比較に適用した場合，どの群間に差があるのかを明らかにすることはできない。
e）分散分析に対応するノンパラメトリックな手法はDunnettの方法である。

解答　a, d

a) 正：分散分布を適用するためには, ①母集団分布は正規分布に従う, ②各群の母分散が等しい, という2つの条件を満たす必要がある.
b) 誤：分散分析は, 等分散性を仮定する手法である.
c) 誤：分散分析で得られる F 値は,「すべての群の母平均は互いに等しい」という帰無仮説に基づき, 3つ以上の群の母平均に有意な差があるのかを明らかにするための指標として用いられる.
d) 正：分散分析では, すべての群の母平均に互いに有意な差があるのか, その一部だけに有意な差があるのかを明らかにすることはできない. 多重比較により, どの群間に有意な差があるのかを明らかにする.
e) 誤：分散分析に対応するノンパラメトリックな手法としてKruskal-Wallis検定が挙げられる.

問題2. 薬物治療の効果判定の統計処理に用いられるTukey法に関する記述のうち, 正しいのはどれか. 2つ選べ.（第98回国家試験 問192）

a) すべての群の同時対比較を行う検定方法である.
b) 1つの対照群と2つ以上の処理群を比較検定する方法である.
c) 分散が等しくないデータの比較検定に適している.
d) 正規分布に従わないデータの比較検定に適している.
e) パラメトリックなデータの比較検定に適している.

解答　a, e

a) 正：Tukey法は, すべての群間の同時対比較を行う方法である.
b) 誤：1つの対照群と2つ以上の処理群を比較検定する代表的な方法としては, Dunnett法が挙げられる. Williams法も1つの対照群と2つ以上の処理群を比較検定する手法の1つである.
c) 誤：Tukey法は等分散性を仮定して用いる手法である.
d) 誤：Tukey法はパラメトリックな手法であるため正規分布に従うことを仮定している.
e) 正：Tukey法はパラメトリックな手法であるため, 正規分布に従うことを仮定している.

問題3. 3群以上の異なる用量の薬剤を投与した患者間の治療効果を比較するための統計処理に用いられる多重比較に関する記述のうち，正しいのはどれか。1つ選べ。

a) 多重比較を行うためには，事前に分散分析を行う必要がある。
b) Dunnett の方法は，ノンパラメトリックな手法である。
c) Bonferroni の方法は，比較する2群の数に応じて有意水準を調整する手法である。
d) 多重比較では，t 検定の繰り返しは3回まで許容され，このとき第一種の過誤を生じる確率は変化しない。
e) 多重比較のうち，パラメトリックな手法では等分散性を仮定する必要がある。

解答　c

a) 誤：分散分析と多重比較は独立した検定であり，分散分析を行わずに多重比較を行うことも可能である。
b) 誤：Dunnett の方法はパラメトリックな手法である。
c) 正：全体の有意水準 α を 0.05 とした場合，Bonferroni の方法は比較する2群の数（k）で全体の有意水準を除した $0.05/k$ を比較する2群ごとの有意水準とする。
d) 誤：t 検定の繰り返しは第一種の過誤を生じる確率を増大させるため，多重比較の手法として不適切である（本節 2-1 を参照）。
e) 誤：パラメトリックな手法には，等分散性を仮定できる場合に適用する手法（Tukey の方法や Dunnett の方法など）と仮定できない場合に適用する手法（Gramew-Howell の方法など）が含まれる。

第2章 応用編

2. 多変量解析

KEY WORD 重回帰分析，ロジスティック回帰，交絡因子，オッズ比，説明変数，目的変数，変数選択

1. 多変量解析とは

1-1. 臨床研究における多変量解析の利用

　多変量解析（multivariate analysis）とは，複数の変数からなる多変量データを統計的に扱う手法のことをいい，重回帰分析，主成分分析，因子分析，クラスター分析などがある。多変量解析は計算負荷が高く手計算では極めて困難だが，近年のコンピュータやソフトウェアの発展により，誰でも容易に計算が実行できるようになった。

　多変量解析は，多くの臨床研究に適用できる。多変量解析を臨床研究に適用する主な用途は以下の通りである。

(1) 交絡因子を調整して，リスク因子とアウトカムとの関係を分析する（交絡因子については第2章「5. 観察研究」の「4-2. 交絡」を参照）。
(2) 被験者背景の違いを調整する。
(3) 診断モデルを用いて，診断を推定する。
(4) 予後モデルを用いて予後を推定する。

　リスク因子の分析やベースライン特性の調整のためのモデル〔(1) や (2)〕は，説明モデルもしくは病因モデル，これに対して，診断や予後の推定のためのモデル〔(3) や (4)〕は予測のためのモデルと考えることができる[1]。

1-2. いろいろな多変量解析

　先に挙げたように多変量解析には，さまざまな解析手法が存在する。多変量解析の手法の選択は目的変数や説明変数の性質によって決定できる。**表1**に目的変数の種類と，それに対応する代表的な多変量解析の一覧を示した。

表1. 目的変数と多変量解析の一覧

目的変数のタイプ	多変量解析の手法
連続型データ	重回帰分析、共分散分析など
2値データ	多変量ロジスティック回帰分析
カウントデータ	ポアソン回帰分析
イベント発現までの期間	Cox回帰分析

　本節ではこれらの多変量解析のうち，臨床研究で頻繁に利用されている，重回帰分析と多変量ロジスティック回帰について取り上げる．また，最後には説明変数の選択方法について解説する．

2. 重回帰分析

2-1. 重回帰分析とは

　重回帰分析は，単回帰分析での説明変数が複数になったものである．要するに，目的変数に関連する説明変数が1つの場合は単回帰分析として解析することができたが，臨床研究の場合は複数の説明変数を用いて回帰分析をすることが一般的である．

　そこで，本項では目的変数に関連する変数が複数存在する場合の回帰分析について取り上げる．第 i 番目の被験者の目的変数を y_i とし，それに関連する p 個の説明変数を $x_{i1}, x_{i2}, ..., x_{ip}$ とする．

　このとき，重回帰分析モデルは

$$y_i = \beta_0 + \beta_1 x_{i1} + \beta_2 x_{i2} + \cdots + \beta_p x_{ip} + \varepsilon_i$$

と表すことができる．ここで，$\beta_1, \beta_2, \cdots, \beta_p$ は回帰式を特徴づける未知パラメータで偏回帰係数といい，β_0 を定数項もしくは切片という．ε_i は誤差項を表す確率変数であり，以下の4つの事項を仮定している．

(1) 誤差項の期待値は0である．したがって，$\mathrm{E}(\varepsilon_i) = 0$ と仮定する．
(2) 誤差項の分散は被験者によらず一定である．したがって，$\mathrm{V}(\varepsilon_i) = \sigma^2$ と仮定する．
(3) 誤差項は被験者間で独立である．すなわち，$\mathrm{Cov}(\varepsilon_i, \varepsilon_j) = 0$ ただし $i \neq j$ とする．
(4) 誤差項は正規分布に従う．

　重回帰分析では，説明変数は確率変数ではなく定数とみなし，説明変数は計数値でも計量値でも良い．特に，説明変数を0と1の値のみを取るダミー変数とすると，分散分析モデルとなる．さらに，連続的な共変量を説明変数に加えた場合には，共分散分析となる．

2-2. パラメータの推定方法

重回帰分析において，重要なパラメータは $\beta_0, \beta_1, \beta_2, \cdots, \beta_p$ であり，本項ではパラメータの推定方法を解説する。重回帰分析の場合，モデル式はベクトルと行列で表現することが多く，本項では下記の通り定義をする。

$$\underline{y} = \begin{pmatrix} y_1 \\ y_2 \\ \vdots \\ y_n \end{pmatrix}, \quad \mathbf{X} = \begin{pmatrix} 1 & x_{11} & \cdots & x_{1p} \\ 1 & x_{21} & \cdots & x_{2p} \\ 1 & \vdots & \vdots & \vdots \\ 1 & x_{n1} & \cdots & x_{np} \end{pmatrix}, \quad \underline{\beta} = \begin{pmatrix} \beta_1 \\ \beta_2 \\ \vdots \\ \beta_p \end{pmatrix}, \quad \underline{\varepsilon} = \begin{pmatrix} \varepsilon_1 \\ \varepsilon_2 \\ \vdots \\ \varepsilon_n \end{pmatrix}$$

これらのベクトルと行列を用いると，

$$\underline{y} = \mathbf{X}\underline{\beta} + \underline{\varepsilon}, \quad \underline{\varepsilon} \sim N(0, \sigma^2 I)$$

ただし，I は n 次の単位行列とする。これらの記号を用いて，未知パラメータである偏回帰係数を推定する。未知パラメータのベクトル $\underline{\beta}$ の推定値を $\hat{\underline{\beta}} = (\hat{\beta}_0, \hat{\beta}_1, \cdots, \hat{\beta}_p)^t$ とする。最小 2 乗法を用いるため，誤差の平方和は

$$S(\beta) = (\underline{y} - \mathbf{X}\underline{\beta})^t (\underline{y} - \mathbf{X}\underline{\beta})$$

で表すことができる。ここで，β で偏微分して 0 と置くことで，β の最小 2 乗推定値は

$$\hat{\underline{\beta}} = (\mathbf{X}^t \mathbf{X})^{-1} \mathbf{X}^t \underline{y}$$

となる。

2-3. 重回帰分析の実例から結果の解釈の仕方

男性 40 人に対して，3 項目の血液検査を実施した。また，各被験者のベースライン時の年齢も調査をした（表 2 参照）。血液検査項目は中性脂肪（mg/dL），LDL（mg/dL），酸化 LDL（mg/dL）である。酸化 LDL は動脈硬化に影響を及ぼすと考えられる酸化ストレスマーカーで，高血漿や糖尿病で高値を示すことが知られている。これらのことから，酸化ストレスマーカーを目的変数として，中性脂肪，LDL，年齢を説明変数として，説明変数が目的変数に影響を及ぼすかを検討したい。中性脂肪を x_1，LDL を x_2，年齢を x_3 として，以下のような重回帰モデル

$$y = \beta_0 + \beta_1 x_1 + \beta_2 x_2 + \beta_3 x_3 + \varepsilon$$

を考える。

最小 2 乗法によってパラメータを推定した結果を表 3 に示した。その結果，

$$y = 21.288 + 0.126 x_1 + 0.196 x_2 + 0.438 x_3$$

表2. 重回帰分析のデータ

ID	中性脂肪	LDL	年齢	酸化LDL
1	137	105	61	91
2	84	93	50	77
3	85	97	55	75
4	74	75	48	69
5	116	123	60	88
6	72	114	49	68
7	79	78	62	67
8	96	118	55	74
9	130	94	56	85
10	69	114	57	88
11	180	147	61	102
12	157	109	59	93
13	55	78	50	62
14	93	125	54	79
15	30	101	56	79
16	61	91	53	78
17	122	96	46	75
18	85	93	47	70
19	117	102	62	78
20	102	100	50	71
21	155	131	64	91
22	67	89	63	67
23	141	126	47	83
24	130	127	68	83
25	140	99	56	81
26	154	124	67	100
27	132	99	65	83
28	178	142	60	102
29	49	80	50	61
30	108	64	52	74
31	87	84	63	80
32	178	133	56	94
33	158	108	51	87
34	60	75	59	72
35	130	121	50	80
36	140	118	58	90
37	161	123	58	89
38	132	110	53	74
39	159	144	61	101
40	116	112	61	82

表3. 重回帰分析の結果

変数	推定値	標準誤差	t値	P値	Model Fit	値
切片	21.288	8.482	2.51	0.017	R^2乗値	0.7826
中性脂肪	0.126	0.030	4.25	0.000	自由度調整済みR^2乗値	0.7645
LDL	0.196	0.057	3.43	0.002	-	-
年齢	0.438	0.151	2.91	0.006	-	-

となった。したがって，表3は重回帰分析を行うときに標準的なソフトウェアの出力である。推定値とP値（p-value）に着目すると，中性脂肪，LDL，年齢の上昇によって酸化LDLが上昇すると予測された。また，それぞれの説明変数のp値は有意水準5％で有意な結果を示した。したがって，帰無仮説 H0:$\beta_i = 0$ は棄却されるので，説明変数は目的変数に対して統計学的に意味のある変数だということが示唆された。

注意するべき点としては，推定された偏回帰係数の符号である。符号は，データの背後にある，医学・薬学的な知識に照らし合わせて検討する必要がある。符号がこれらの知識と反するとき，その原因の一つに説明変数間に強い相関関係が存在することが考えられる。説明変数間の相関が強いことで，このようなことが生じることを多重共線性が存在するという。多重共線性の詳しい内容は参考文献を参照されたい[2]。

2-4. 回帰式の適合度

回帰式の適合度を判断する際には，寄与率（R^2 乗値）や自由度調整済み寄与率（自由度調整済み R^2 乗値）を見ることが重要である。先のデータ解析での寄与率は0.782で，自由度調整済み寄与率は0.765であった。したがって，酸化LDLの変動の約78.2％は3つの説明変数を用いた回帰式で説明できることを意味している。

寄与率は説明変数の数を増やすと，その変数が目的変数に対して有用な変数であろうとなかろうと高い値を示すという問題を含んでいる。そこで，無意味な変数を説明変数として用いたときには，寄与率が下がるように，自由度で補正する必要があり，その補正をした寄与率が，自由度調整済み寄与率である。したがって，重回帰分析では，自由度調整済み寄与率を用いて，回帰式の適合度を判断することが望ましい。

3. ロジスティック回帰

3-1. ロジスティック回帰とは

回帰分析では目的変数は連続値であり，その連続値の確率分布には正規分布を仮定している。臨床研究では，ある疾患の発症の有無のように，ある事象の発症の有無を示す2値変数を目的変数とし，説明変数を用いてモデル解析をしたい場合がある。この種の2値変数を0と1で現れる確率に変換し，目的変数と説明変数の関係をモデル化した統計手法がロジスティック回帰である。また，説明変数を複数にした場合，多変量ロジスティック回帰と呼ぶこともある。

3-2. ロジスティック回帰モデル

一般に，ある事象が発現する確率を π と仮定する。その事象の発現を説明するために観測された説明変数のベクトルを $\underline{x} = (x_1, x_2, ..., x_p)$ とした場合，$\underline{x} = (x_1, x_2, ..., x_p)$ という状態

のもとで，現象が発現するという条件確率を

$$\pi(\underline{x}) = P(発生 | x_1, x_2, \cdots, x_p) = F(x_1, x_2, \cdots, x_p)$$

という関数 F を用いてモデル化することが多い。ここで，

(1) p 個の変数の影響を線形な合成変数

$$Z = \beta_0 + \beta_1 x_1 + \beta_2 x_2 + \cdots + \beta_p x_p$$

(2) 関数 F に Z のロジスティック関数

$$F(Z) = \frac{\exp(Z)}{1-\exp(Z)} = \frac{1}{1-\exp(-Z)}$$

としたモデルが，フラミンガムスタディで考えられたロジスティックモデルである[3]。ゆえに，$(-\infty \sim \infty)$ の範囲の説明変数の合成変数 Z と範囲 $(0,1)$ の値を持つ確率 $\pi(x)$ とを，ロジスティック関数で結合させたモデルがロジスティック回帰であり，ロジスティック回帰のモデル式は

$$\log \frac{\pi(\underline{x})}{1-\pi(\underline{x})} = \beta_0 + \beta_1 x_1 + \beta_2 x_2 + \cdots + \beta_p x_p$$

と表すことができる。

3-3．オッズ比

　臨床研究ではオッズ比で群間の比較などを行うことが多く，ロジスティック回帰でもオッズ比を用いて比較することが多い。

　ロジスティック回帰のモデル式の両辺に，指数関数をかけると

$$\frac{\pi(\underline{x})}{1-\pi(\underline{x})} = \exp(\beta_0 + \beta_1 x_1 + \beta_2 x_2 + \cdots + \beta_p x_p)$$

となる。この式の左辺の項をオッズと呼ぶ。

　たとえば，$\pi(x)$ をある病気の発現率として，総コレステロール値から発現率を予測するとする。ここで，A さんのコレステロール値が 200（mg/dL），B さんのコレステロールが 150（mg/dL）であるとする。このとき，A さんと B さんの発現率のオッズは以下の通りである。

A さんのオッズ： $\dfrac{\pi(\underline{x}_A)}{1-\pi(\underline{x}_A)} = \exp(\beta_0 + \beta_1 200)$

B さんのオッズ： $\dfrac{\pi(\underline{x}_B)}{1-\pi(\underline{x}_B)} = \exp(\beta_0 + \beta_1 150)$

　このとき，A さんの B さんに対するオッズ比（以下，「OR（odds ratio）」とも記載をする）は

$$\frac{\frac{\pi(\underline{x}_A)}{1-\pi(\underline{x}_A)}}{\frac{\pi(\underline{x}_B)}{1-\pi(\underline{x}_B)}} = \exp\{\beta_1(200-150)\} = \exp(50\beta_1)$$

となる．たとえば β_1 の推定値が 0.01 ならば，オッズ比は exp(50 × 0.01) = 1.65 となる．したがって，A さんは B さんより 1.65 倍発現しやすいと推測できる．また，β_0 と β_1 の推定値 $\hat{\beta}_0$，$\hat{\beta}_1$ を求めることができれば，

$$\hat{\pi}(\underline{x}_A) = \frac{\exp(\hat{\beta}_0 + \hat{\beta}_1 200)}{1+\exp(\hat{\beta}_0 + \hat{\beta}_1 200)}$$

を求めることにより，A さんの病気の発現の予測確率 $\hat{\pi}(\underline{x}_A)$ を算出することができる．

3-4. ロジスティック回帰の実例から結果の解釈の仕方

表 4 には，40 人の被験者の臨床研究のデータを示した．この研究の目的変数は心血管疾患が発現したか否かとして，説明変数はベースライン時に測定した HDL，LDL，中性脂肪，空腹時血糖値および性別である．当該臨床研究の目的は，これらの説明変数が心血管疾患の発現に影響を及ぼすか否かに興味がある．

ロジスティック回帰分析の結果として，パラメータの推定値を表 5 に示した．この結果，推定されたロジスティック回帰モデルは

$$\log(\frac{\hat{\pi}(x)}{1-\hat{\pi}(x)}) = -39.883 - 0.204x_1 + 0.382x_2 + 0.002x_3 + 0.083x_4 - 0.435x_5$$

となった．ただし，x_1 は HDL（mg/dL），x_2 は LDL（mg/dL），x_3 は中性脂肪（mg/dL），x_4 は空腹時血糖値（mg/dL），x_5 は性別で女性で 1，男性で 0 を取るダミー変数とする．偏回帰係数の推定結果から，HDL と性別の符号は負なので，HDL の値が上昇することで心血管疾患のリスクは低くなり，男性より女性で心血管疾患のリスクが低くなることがわかった．

表 5 の各説明変数の P 値を見ると，HDL と LDL は P 値が 5% 未満であることが確認できる．したがって，目的変数に対して，統計学的には影響のある説明変数であることがいえる．

表 5 にはオッズ比（OR）が示されている．HDL のオッズ比は 0.815 と計算されているので，HDL が 1 単位量（1mg/dL）増加すると，心血管疾患のリスクが小さくなるオッズは約 0.815 倍になるという意味である．したがって，HDL が増加することで，心血管疾患になりにくくなることが示唆された．次に，性別のオッズ比に着目すると，女性の男性に対するオッズ比は 0.419 となっている．したがって，女性は男性に比べて，心血管疾患となるオッズは約 0.419 倍となるので，女性のほうが心血管疾患になりにくいという結果が示唆される．

表4. ロジスティック回帰のデータ

ID	発現	HDL	LDL	中性脂肪	空腹時血糖	性別
1	有	33	136	166	108	男性
2	有	24	108	130	105	男性
3	有	35	146	157	104	男性
4	有	53	110	103	102	男性
5	有	29	123	137	109	男性
6	有	28	101	102	111	男性
7	有	35	108	99	104	女性
8	有	31	124	134	96	女性
9	有	37	130	128	109	女性
10	有	24	128	142	86	男性
11	有	38	107	119	103	男性
12	有	25	139	145	97	女性
13	有	33	91	85	112	男性
14	有	34	109	112	85	女性
15	有	53	132	126	94	男性
16	有	36	113	134	101	男性
17	有	23	105	156	103	男性
18	有	26	126	138	111	男性
19	有	28	147	164	94	女性
20	有	27	121	127	112	男性
21	無	40	73	36	93	女性
22	無	57	77	43	96	女性
23	無	59	82	47	88	男性
24	無	66	81	52	106	女性
25	無	65	80	66	84	女性
26	無	35	96	67	118	男性
27	無	60	86	70	95	女性
28	無	36	94	70	102	女性
29	無	61	90	79	95	女性
30	無	54	88	83	117	女性
31	無	36	94	91	114	男性
32	無	52	95	92	94	女性
33	無	59	77	96	105	男性
34	無	63	98	100	107	女性
35	無	62	107	101	91	男性
36	無	51	101	105	112	女性
37	無	30	82	108	113	女性
38	無	54	109	114	87	女性
39	無	36	102	117	97	男性
40	無	75	91	122	106	女性

表5. ロジスティック回帰の結果

変数	パラメータ推定値	尤度比検定統計量	P値	OR
切片	-39.883	-	-	-
HDL	-0.204	6.129	0.013	0.815
LDL	0.382	8.221	0.004	1.465
中性脂肪	0.002	0.001	0.974	1.002
空腹時血糖	0.083	0.291	0.590	1.087
性別	-0.435	0.161	0.688	0.419

4. 変数選択の方法

4-1. 変数選択の必要性

　回帰分析で利用しようとしている説明変数が3個あったとする。このとき，3個の説明変数をすべて使わなくても，x_1とx_2の2個の説明変数で目的変数を十分に予測できるモデルであり，x_3という説明変数は不要であるか否かを検討することが変数選択の問題である。モデル式に不要な変数を含んだ回帰分析，それとは逆に，有効な変数を含んでいない回帰分析は，どちらにしても十分な精度の回帰式を導くことはできない。したがって，有用な変数と不要な変数を選別し，最適な回帰式を探索することは多変量解析では重要な課題の一つになる。

4-2. 変数選択の方法

　多変量解析における説明変数の選択方法としては，一般的に3つの方法が提唱されている。
（1）総当たり法

　総当たり法は，すべての説明変数の組み合わせについて回帰式を作成，どの回帰式が良いかを検討する方法である。たとえば説明変数が3つあった場合には，7つの回帰式を構築して，回帰式の良さを検討する。

　総当たり法では，説明変数の数がm個あった場合には，$(2^m - 1)$個の回帰式を算出して検討することが必要であり，説明変数が多い場合には不向きな方法である。
（2）逐次変数選択法

　逐次変数選択法は，各偏回帰係数のP値に基づいて，有用な変数と不要な変数を振り分ける方法である。逐次変数選択法には，変数増加法，変数減少法，変数増減法，変数減増法と呼ばれる4つの方法がある。たとえば，変数増減法は，最初に目的変数と最も関係性の強い説明変数をP値の小さい値で選択する。次に，その変数と組み合わせたときに，P値の最も小さい変数を選択する。これを順次繰り返していく。この過程で，一度選択した変数の中に不要な変数が出てきたときには，その変数を除去するという方法である。一方で変数減増法は，最初にすべての説明変数を用いた回帰式を構築し，最も大きなP値の説明変数を除去する。これを順次繰り返していく。この過程で，一度除去した変数の中に有効な変数が出てきたときには，その変数を再度選択するという方法である。したがって，P値の最終的な値（ある値以下のP値の変数は残す）を決めておく必要がある。また，これらの方法の総称をステップワイズ法という。
（3）医学的に意味のある変数を選択する

　臨床研究立案時に，目的変数に医学的に意味のある説明変数を決めておき，その変数を説明変数として用いる方法である。統計学的に決める方法ではなく，これまでの臨床研究の結果などを重要視して説明変数を選択する方法である。

■参考文献
1）木原雅子，木原正博：医学的研究のための多変量解析，p. 14，メディカルサイエンスインターナショナル，2014
2）Bovas Abraham. Johannes Ledolter : Introduction to Regression Modeling, Duxbury Press, 2005
3）丹後俊郎，山岡和枝，高木晴良：ロジスティック回帰分析 SAS を利用した統計解析の実際，p. 3, 朝倉書店，2004
4）内田治，石野祐三子，平野綾子：JMP による医療系データ分析，東京図書，2012
5）David W. Hosmer, Jr, Stanley Lemeshow, Rodney X Sturdivant : Applied Logistic Regression（3rd Edition），Wiley，2013

問題と解答

問題1．臨床研究において，多変量解析が必要な理由を述べよ。

解答

（模範解答）多変量解析を臨床研究に適用する主な用途は以下の通りである。
（1）交絡因子を調整して，リスク因子とアウトカムとの関係を分析する。
（2）被験者背景の違いを調整する。
（3）診断モデルを用いて，診断を推定する。
（4）予後モデルを用いて，予後を推定する。

問題2．ロジスティック回帰はどのような目的変数のときに用いる手法かを説明し，多変量ロジスティック回帰のモデル式を記載せよ。

解答

（模範解答）ある事象の発症の有無を示す2値変数を目的変数とし，説明変数を用いてモデル解析をしたい場合がある。この種の2値変数を0と1で現れる確率に変換し，目的変数と説明変数の関係をモデル化した統計手法がロジスティック回帰である。説明変数が p 個の場合のロジスティック回帰のモデル式は

$$\log \frac{\pi(x)}{1-\pi(x)} = \beta_0 + \beta_1 x_1 + \beta_2 x_2 + \cdots + \beta_p x_p$$

と表すことができる。

問題 3. 説明変数の選択が必要な理由を記載し，説明変数の選択方法を列挙せよ．

解答

（模範解答）有用な変数と不要な変数を選別し，最適な回帰式を探索するために，変数選択が必要となる．変数選択の主な方法としては，総当たり法，逐次変数選択法がある．また，医学的に意味のある変数を選択するということも重要である．

第 2 章●応用編

3. 生存時間解析法

KEY WORD イベント, 打ち切り, 生存関数, ハザード関数, カプラン・マイヤー推定, ログランク検定, 一般化ウィルコクソン検定, Cox 回帰, 比例ハザード性

1. 生存時間解析とは

　臨床研究において，死亡や生存という事象は重要なアウトカムの一つである．たとえば，膵臓がんや多臓器不全のように，最終的に死を迎える疾患は，死亡という事象が発現するまでの期間（たとえば，治療開始から死亡までの日数）に関心があることがある．このような事象をイベントと呼び，イベントの定義は，被験者に 1 度だけ起きることと定義できる．
　被験者の時間経過を追って追跡する研究を行うとき，次の（1）から（3）のような理由によって，被験者が追跡できなくなる可能性がある．
（1）被験者が通院をやめたため，それ以降の経過が不明な場合．
（2）被験者が遠方への転居等により，通院が困難になってしまった場合．
（3）研究期間の終了時点までに，イベントが発生していない場合．

　このように，被験者を追跡できなくなった場合を，打ち切り（censor）という．
　生存時間解析によって解析されるデータは，ある基準時点からイベントの発現もしくは，打ち切りの発生までの時間（生存時間；survival time）と，イベントか打ち切りかのデータからなる．このようなデータを生存時間データと呼び，これらを分析するため解析手法を生存時間解析と呼ぶ．
　図 1 には，生存時間解析で扱うデータはどのようなデータなのかを示した．図 1 の横軸は生存時間で，Ts は試験期間の開始日として，Te は試験期間の終了日とする．記号の D はその時点でイベント（死亡）が発現した事を意味しており，A は「"試験終了時点で生存"」していたことを表す．L はその時点まで生存していたことがわかっているが，その後の追跡ができなくなり，正確な生存時間が不明であることを表している．つまり，打ち切りが生じていることになる．

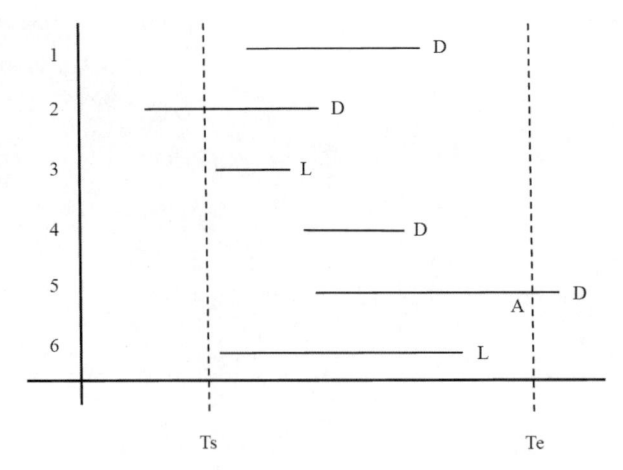

図1. 生存期間におけるイベントと打ち切り

　図1において，被験者1と4は試験期間内に生存時間が観察されて，イベントが発現している。被験者5は死亡が試験終了後に起こっているため，実際には試験期間内の期間のみが観察されており，データはTeで右側打ち切り（right censored）されているということになる。被験者3と6は試験期間中に追跡が不能となり，右側打ち切りとなっている。被験者2は生存時間の基準時点が試験開始前であるため，試験開始前の生存時間は観察できない。この場合，データは時刻Tsで左側打ち切り（left censored）されているということになる。

1-1．生存関数とハザード関数

　生存時間解析においては，生存時間の分布を規定することが必要であり，このとき主として関心のある関数は，生存関数とハザード関数である。被験者の生存時間をtで表すと，tは非負の値を取る確率変数Tの実現値である。確率変数Tの分布関数を$F(t)$とすると，生存関数$S(t)$は，

$$S(t) = P(T \geq t) = 1 - F(t)$$

と表せる。したがって，生存関数は被験者が時点t以上生存する確率を表している。

　ハザード関数は，時点tまでイベントが起こらなかったとき，続く時点t以降でイベントが起こる瞬間的な確率を意味している。確率変数Tがt以上であるという条件のもとで，Tがtと$t+\Delta t$の間を取る確率は$P(t \leq T \leq t+\Delta t | T \geq t)$と表せる。この条件付き確率を$\Delta t$で割ることで単位時間当たりの確率を表すこととなる。この確率に対して，Δtを0に限りなく近づけたものを，ハザード関数として定義する。すなわちハザード関数$h(t)$は

$$h(t) = \lim_{\Delta t \to 0} \left\{ \frac{P(t \leq T \leq t+\Delta t | T \geq t)}{\Delta t} \right\}$$

で与えられる。ハザード関数は瞬間死亡率とも呼ばれる。また，$f_T(t)$ を確率変数 T の確率密度関数とすると，$f_T(t) = h(t) S(t)$ という関係が成立つ[3]。

1-2. 生存関数のノンパラメトリック推定と検定

　生存関数を記述するためには，データからカプラン・マイヤー法を用いて，生存関数を推定することが一般的である。ほかには生命表法と呼ばれる方法もあるが，本項では取り上げない。生命表法の詳細は生存時間解析に特化した本を参照すること[3]。

1-2-1. カプラン・マイヤー法

　カプラン・マイヤー推定量の名前はその提案者2名に由来しており[4]，提案者2名は product limit estimator と呼んでいた。日本語にすると，積・極限推定量と呼ばれている。しかしながら，現在ではカプラン・マイヤー推定量と呼ばれている。

　死亡が観測された時点を $t_1, t_2, \cdots, t_k$ とする。時刻 t_j での死亡数を d_j，そして，n_j を時刻 t_j の直前で生存している被験者数とする。t_j の直前で生存している被験者の集合はリスク集合と呼ばれる。このとき，被験者が時刻 t_j の直前まで生存し，かつ時刻 t_j 以降も生存する条件付確率は $(n_j - d_j) / n_j$ である。各時点で死亡は独立に起こっていると仮定すると，$(n_j - d_j) / n_j$ を順次掛け合わせることで生存関数の推定値が得られる。カプラン・マイヤー推定法は

$$\hat{S}(t) = \prod_{j=1}^{k}(1 - d_j / n_j)$$

で与えられる。カプラン・マイヤー法による生存時間の推定値は曲線として描かれることが多い。

1-2-2. ログランク検定と一般化ウィルコクソン検定

　カプラン・マイヤー推定法による生存関数の推定は，生存関数の推定値を視覚的に把握するのみであり，群間の差などを算出することはできない。群間に有意な差があるかどうかを判断するには検定を用いることが必要である。2つの生存率に差があるか否かを判断

表1. 時点 j でのイベント発現時における2×2の分割表

群	t_jにおける死亡	t_jを越えて生存	t_jの直前リスク集合
実薬	d_{1j}	$n_{1j} - d_{1j}$	n_{1j}
プラセボ	d_{2j}	$n_{2j} - d_{2j}$	n_{2j}
合計	d_j	$n_j - d_j$	n_j

するための検定方法として，ログランク検定と一般化ウィルコクソン検定がある．これらの検定は，死亡が発生した時点ごとに表1のような2×2の分割表を作成する．

ここで，帰無仮説は2群の被験者の生存関数に差がないとする．表1において，各群の合計例数，両群合わせた死亡例数，両群合わせた生存例数はすべて固定されたとみなし，生存と群が独立という帰無仮説が正しいとすると，この表の4つの値は，時点 t_j における実薬群の死亡数 d_{1j} の値のみで決められる．このとき，D_{1j} は0から d_j と n_j のいずれか小さいほうまでの任意の値を取り得る確率変数とみなすことができ，D_{1j} はパラメータ n_j, d_j, n_{1j} の超幾何分布に従う．実薬群の死亡数に関する確率変数の取る値が d_{1j} となる確率は

$$P(D_{1j} = d_{1j}) = \frac{\binom{d_j}{d_{1j}}\binom{n_j - d_j}{n_{1j} - d_{1j}}}{\binom{n_j}{n_{1j}}}$$

となる．D_{1j} は超幾何分布に従うので，期待値は $e_{1j} = n_{1j}d_{1j}/n_j$ となり，分散は

$$v_{1j} = \frac{n_{1j}n_{2j}d_j(n_j - d_j)}{n_j^2(n_j - 1)}$$

となる．

次に，各時点における2×2の分割表を併合して，死亡時点全体における d_{1j} の観測値と期待値 e_{1j} の差を検討する．最も単純な方法としては，2群のすべての死亡時点での差 $d_{1j} - e_{1j}$ を足し合わせることで検討することができる．この考え方から得られる統計量は

$$U_L = \sum_{j=1}^{k}(d_{1j} - e_{1j})$$

である．この値は，第Ⅰ群における各時点における，観測死亡数の合計と期待死亡数の合計の差の総和である．死亡時点は互いに独立なので，U_L の分散は d_{1j} の分散の和となるので，U_L の分散は

$$V(U_L) = \sum_{j=1}^{k} v_{1j}$$

となる．これらの期待値と分散を用いることで，

$$\frac{U_L}{\sqrt{V_L}} \sim N(0,1)$$

が漸近的に成立する．以上より，ログランク検定での検定統計量 W_L は

$$W_L = \frac{U_L^2}{V_L} \sim \chi_1^2$$

となる．ただし，χ_1^2 は自由度1のカイ二乗分布を表す．

一方で，一般化ウィルコクソン検定では，各時点における2×2の分割表を併合して，死亡

時点全体における d_{1j} の観測値と期待値の差を検討する際に，リスク集合で重みを付けた統計量

$$U_W = \sum_{j=1}^{k} n_j(d_{1j} - e_{1j})$$

を用いる．すなわち，リスク集合を重み付けしている点で，生存している被験者の合計が少なくなった時点，すなわち生存時間の長い時点では d_{1j} と e_{1j} の差に小さい重みが付けられるため，ログランク検定に比べて，生存時間の分布の裾において，d_{1j} と e_{1j} の差に影響を受けにくい統計量といえる．

　要するに，ログランク検定と一般化ウィルコクソン検定の違いは，イベントが起きた時点で作成する分割表（表1）の足し合わせ方が異なるということである．時点ごとに平等に足し算をするという考え方がログランク検定で，時間の経過とともに例数が少なくなるので，症例数の多い前のほうの時点に重みを，例数の少ない後ろの時点に小さい重みを付けるという考え方が一般化ウィルコクソン検定である．

1-2-3. 白血病の寛解維持の臨床試験例

　Freireich, Gehan, Frei et al.（1963）は，急性白血病の寛解維持に 6-mercaptopurine（6-MP）とプラセボとを比較するためのランダム化比較試験を行った．全体で92例の患者がこの研究に登録され，プレドニゾン療法を受けた．55例の患者が完全寛解し，7例が部分寛解であった．寛解に達した患者42名に維持療法として6-MPあるいはプラセボがランダムに割

表2．白血病患者の寛解維持期間（週）

プラセボ群									
1	1	2	2	3	4	4	5	5	8	8
8	8	11	11	12	12	15	17	22	23	

6-MP群									
6	6	6	6*	7	9*	10	10*	11*	13	16
17*	19*	20*	22	23	25*	32*	32*	34*	35*	

表3．生存関数の推定値

プラセボ群時点	リスク集合	死亡数	生存関数推定値
1	21	2	0.905
2	19	2	0.810
3	17	1	0.762
4	16	2	0.667
5	14	2	0.571
8	12	4	0.381
11	8	2	0.286
12	6	2	0.191
15	4	1	0.143
17	3	1	0.095
22	2	1	0.048
23	1	1	0.000

6-MP群時点	リスク集合	死亡数	生存関数推定値
6	21	3	0.857
7	17	1	0.807
10	15	1	0.753
13	12	1	0.690
16	11	1	0.628
22	7	1	0.538
23	6	1	0.448

り付けられた。データは再発をイベントとして，寛解から再発までの期間が週を単位として得られている。両群とも21例からなり，プラセボ群では打ち切りが存在しなかったが，6-MP群では半数以上の12例が打ち切りとなっている。これらのデータを**表2**に示した。ただし，＊は打ち切りを表している。

　表3には，それぞれの時点での生存関数の推定値を示した。プラセボ群では打ち切りが存在しないので，死亡数を21で割った値ずつ生存関数の推定値が減少していくことがわかる。6-MP群では，6週目で打ち切りを受けた症例が1名，白血病が再発した症例が3名あった。カプラン・マイヤー法では，イベントと同時点の打ち切りについては，イベントが起きる直前にリスクにさらされていたと考えて，リスク集合には含める。そのため，時点6でのリスク集合の大きさは21となる。その他の時点でも同様に考えることができる。**図2**には表3の生存関数の推定値をプロットした，カプラン・マイヤー曲線を示した。寛解維持期間は明らかに6-MP群のほうが長いことが視覚的に理解できる。

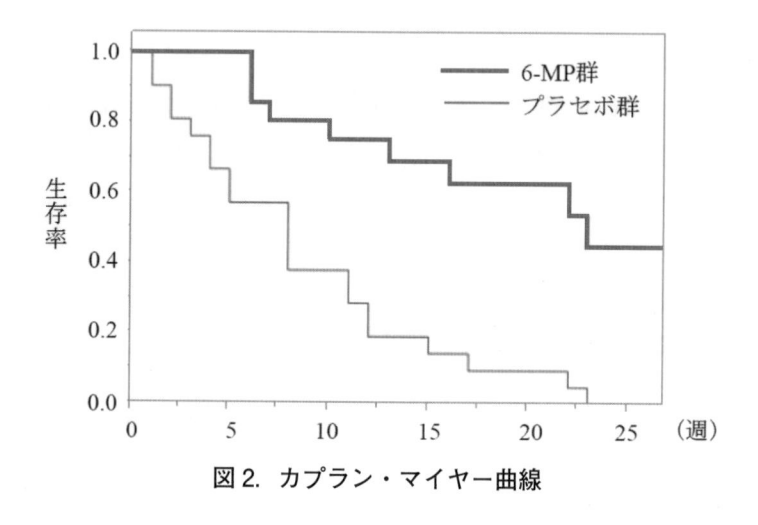

図2. カプラン・マイヤー曲線

　また，**表4**には，生存関数に差がないという帰無仮説に対する，ログランク検定と一般化ウィルコクソン検定の検定統計量の値とP値（p-value）を示した。

表4. 検定結果

解析方法	カイ二乗値	自由度	P値
ログランク検定	16.793	1	<.001
一般化ウィルコクソン検定	13.458	1	<.001

　ログランク検定統計量の値は16.793でP値は0.001未満，一般化ウィルコクソン検定量の値は13.458でP値は0.001未満となった。これらの結果より，両側有意水準5%で帰無仮説を棄却して，6-MP群とプラセボ群の生存関数には有意な差があるということがいえる。

2. Cox 回帰

　先に示した，カプラン・マイヤー法やログランク検定と一般化ウィルコクソン検定は生存時間に影響を与える予後因子を加味しない場合の生存時間データにおいて，群間の比較などには大変有用な手法である。しかし，生存時間データが得られる臨床研究においては，予後因子が観測されている場合が多い。これらの予後因子を説明変数に取り込んで，ハザード関数を比較する方法が Cox 回帰である。簡潔に言うと，Cox 回帰とは Cox の比例ハザードモデルを用いた回帰分析のことである。

　このように，生存時間に影響のある因子を加味して群間の比較を行いたいとき，生存時間解析におけるモデル解析が Cox 回帰（Cox の比例ハザードモデル）を用いて解析することが一般的である。

2.1. Cox の比例ハザードモデルについて

　Cox の比例ハザードモデルでは，共変量については分布を仮定するが，生存時間分布には分布の仮定を設けないため，セミパラメトリックモデルと呼ばれている。時間 t, i 番目の被験者の共変量 $x_{i1}, x_{i2}, \cdots, x_{ip}$ としたとき，ハザード $h_i(t|x_{i1}, x_{i2}, \cdots, x_{ip})$ を

$$h_i(t|x_{i1}, x_{i2}, \cdots, x_{ip}) = h_0(t)\exp(\beta_1 x_{i1} + \beta_2 x_{i2} + \cdots + \beta_p x_{ip})$$

と置いたモデルを Cox の比例ハザードモデルという。このモデルを詳しく見ていくと，時間 t に依存する部分と $h_0(t)$ (ベースラインハザードと呼ぶ) と $x_{i1}, x_{i2}, \cdots, x_{ip}$ に依存する部分 $\exp(\beta_1 x_{i1} + \beta_2 x_{i2} + \cdots + \beta_p x_{ip})$ の掛け算で表すことができる。ここで，ベースラインハザードについては，何も仮定を置かない。次に，共変量 $x_{i1}, x_{i2}, \cdots, x_{ip}$ に対しては，共変量の一次結合 $(\beta_1 x_{i1} + \beta_2 x_{i2} + \cdots + \beta_p x_{ip})$ は，指数関数という仮定がある。この仮定を「対数を取ったら線形になる」という意味で対数線形性と呼ぶ。

2-2. ハザード比について

　臨床試験において，薬剤群間の比較を興味の中心にある場合が多々ある。Cox 回帰では，薬剤の比較をハザード比を用いて比較することが一般的である。たとえば，薬剤 A と薬剤 B の比較をするときの Cox 回帰モデルを考える。薬剤 A の場合，変数 $x_1 = 1$ として，薬剤 B の場合，変数 $x_1 = 0$ とする。その他の共変量は同じ値を取る場合，薬剤 A の Cox 回帰と薬剤 B の Cox 回帰の比，要するにハザードの比は

$$\frac{h_A(t|x_1, x_2, \cdots, x_p)}{h_B(t|x_1, x_2, \cdots, x_p)} = \frac{\exp(\hat{\beta}_1 1 + \hat{\beta}_2 x_2 + \cdots + \hat{\beta}_p x_p)}{\exp(\hat{\beta}_1 0 + \hat{\beta}_2 x_2 + \cdots + \hat{\beta}_p x_p)} = \exp(\hat{\beta}_1)$$

と表すことができる。したがって，薬剤 B に対する薬剤 A のハザード比は $\exp(\hat{\beta}_1)$ として

算出できる。

2-3. 比例ハザード性とは

　比較する群間のハザードの比が観察期間のどの時点でも一定であるという仮定である。要するに，試験開始1年目において，プラセボ群のハザードが実薬群のハザードの3倍（ハザード比＝3）であった場合，試験開始2年目でもハザード比が3でなければならないということである。Cox回帰ではこの比例ハザード性の仮定を満たすことが重要であり，時点によりハザード比が一定でない場合にCox回帰を用いると正しくパラメータが推定されない。

2-4. 比例ハザード性の仮定の評価

　最も単純に比例ハザード性の仮定を検討する方法は，カプラン・マイヤー法を用いて描いた生存曲線を用いることである。比例ハザード性の仮定が満たされている場合には，群間の差は一定の割合で開いていく。逆に比例ハザードの仮定が満たされていない場合には，群間の生存曲線が交じり合ったり，群間差で開く割合が一定でなかったりする。これは視覚的に判断する最も単純な方法である。

　もう少し高度な方法で比例ハザード性が満たされているかを評価するには，大きく分けて2つの方法がある。1つはカプラン・マイヤー法での検討のように，視覚的に評価する方法である。もう1つの方法はモデルを検定する方法である。検定を用いるのは最終段階でのモデル選択においてであり，視覚的に確認することが重要である。検定を用いる方法はより専門的な書籍を参照されたい。視覚的に評価する方法の代表的な方法は，2重対数プロットを用いる方法がある。2重対数プロットでは縦軸にハザードの2重対数を取り，横軸に時間を取る。2つの線の縦の差が一定であれば，ハザードが一定であるということになる。数式などを用いた詳しい解説は参考文献1（大橋，浜田）を参照されたい。

2-5. Cox回帰の使用例と評価

　表5には，膵臓癌患者40人に対して，ID1〜20の被験者には治療法A，ID21〜40には治療法Bを施した結果の生存日数を示した。共変量としては，年齢を因子とした。この臨床研究から，新しい治療法Bは治療法Aに比べてハザードが低いかに興味がある。ここでのCoxの比例ハザードモデルは

$$h_i(t \mid x_{i1}, x_{i2}) = h_0(t)\exp(\beta_1 x_{i1} + \beta_2 x_{i2})$$

と表すことができる。x_{i1}は第i番目の被験者の治療法を示す変数として，治療法Aでは0を治療法Bでは1とする。また，x_{i2}は第i番目の被験者の年齢を示す連続的な変数である。

　表5のデータを用いて，Cox回帰のパラメータを推定した結果を表6に示した。この結

表5. 膵臓癌患者20人の生存時間データ

ID	イベント	日数	年齢	ID	イベント	日数	年齢
1	生存	540	61	21	死亡	570	54
2	死亡	150	73	22	生存	920	56
3	生存	1400	43	23	生存	520	84
4	死亡	45	58	24	生存	920	44
5	死亡	180	71	25	死亡	1090	46
6	死亡	1600	37	26	死亡	1670	53
7	生存	575	46	27	生存	970	41
8	生存	300	48	28	死亡	1240	44
9	生存	700	55	29	死亡	1460	44
10	生存	1450	58	30	死亡	2020	34
11	生存	175	78	31	生存	690	64
12	死亡	425	64	32	生存	830	61
13	死亡	605	56	33	死亡	1270	42
14	死亡	705	61	34	死亡	1000	54
15	死亡	825	39	35	生存	910	69
16	生存	1075	46	36	生存	1030	49
17	死亡	395	83	37	生存	1890	57
18	生存	115	83	38	生存	1940	40
19	死亡	865	46	39	死亡	1490	43
20	生存	475	49	40	死亡	1010	52

表6. Cox回帰の結果

変数	パラメータ推定値	標準誤差	カイ二乗値	P 値	ハザード比
治療法	-0.589	0.253	5.433	0.020	0.555
年齢	0.061	0.023	6.936	0.008	1.063

果から,

$$h_i(t \mid x_{i1}, x_{i2}) = h_0(t)\exp(0.589 x_{i1} + 0.061 x_{i2})$$

ということがいえる。治療法の P 値は 0.020 であり，治療法 A と B の間には有意な差があることが示唆される。また，年齢の P 値は 0.008 であり，年齢は予後因子として大きく寄与していることがわかる。

　年齢に関しては，ハザード比が 1.063 であり，これは年齢が 1 歳増加すると，ハザードは 1.063 倍になることを意味している。治療法に関しては，治療法 A に対する治療法 B のハザード比は 0.555 であるので，治療法 B のハザードは治療法 A のハザードの 0.555 倍であることを意味している。したがって，新しい治療法 B は治療法 A に比べてハザードを約 45％低下させる方法であることが示唆された。

第 2 章　応用編

■参考文献
1）大橋靖雄，浜田知久馬：生存時間解析 SAS による生物統計，東京大学出版会，1995
2）野田一雄，宮岡悦良：入門・演習 数理統計，共立出版，1990
3）中村剛：Cox 比例ハザードモデル，朝倉書店，2001
4）Collett D：Modelling Survival Data in Medical Research（Second Edition），Chapman and Hall/CRC，2003
5）David WH, Stanley L, Susanne M：Applied Survival Analysis: Regression Modeling of Time to Event Data（Second Edition），Wiley-Interscience，2008

問題と解答

問題 1. 試験期間 12 ヵ月の臨床試験に参加した 5 人の被験者の経過が，以下のようになった。

- 1 人が 2 ヵ月後に死亡
- 1 人が 4 ヵ月後に打ち切り
- 1 人が 6 ヵ月後に打ち切り
- 1 人が 8 ヵ月後に死亡
- 1 人が 12 ヵ月後の試験終了まで生存（右打ち切り）

このような臨床試験の結果において，カプラン・マイヤー法を用いて生存曲線を描け。

解答

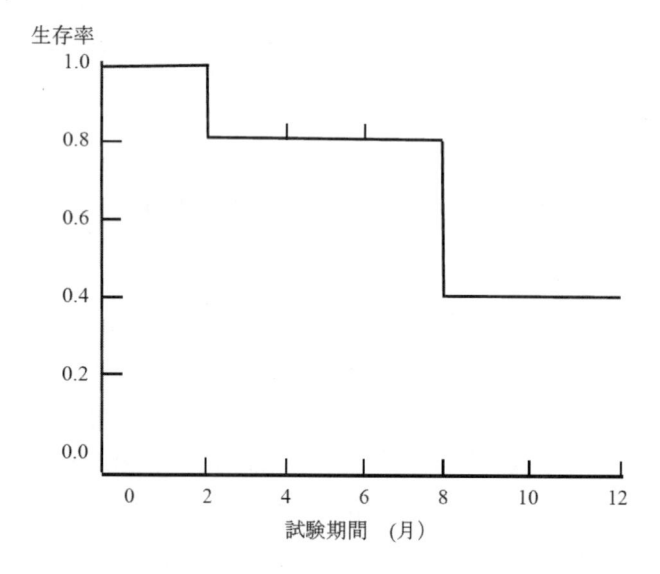

カプラン・マイヤー曲線の公式より，死亡が生じた時点での生存率を出す必要がある。2 ヵ月時点での生存率は 1-1/5 = 0.8 となる。8 ヵ月時点での生存率は (1-1/5) × (1-1/2) = 0.4 となるので，上記の曲線が描ける。

問題2. 2群間の生存関数の比較を行う際に一般的に用いるノンパラメトリックな検定手法を2つ選べ。

a）ログランク検定
b）カイ二乗検定
c）コクランアーミテージ検定
d）一般化ウィルコクソン検定

解答　a, d
c）は比率の用量反応性を検討する際に用いる検定手法である。

問題3. Cox比例ハザードモデルの比例ハザードとは何を意味しているか述べよ。

解答
（模範解答）比例ハザードとは，説明変数の水準間でのハザードの比が時間によらず一定であるということ。

第2章 ●応用編

4. 疫学概論

KEY WORD 記述疫学，分析疫学，疫学の3要因，比，割合，率，有病率，罹患率，年齢調整死亡率，費用対効果

1. 疫学の定義

　疫学（epidemiology）とは，集団を対象として病気の頻度や分布，原因，治療について明らかにする学問領域である。対象が集団でない場合や，あるいは動物や培養細胞を用いた基礎研究は疫学に含まれない。国際疫学学会による定義では「特定の集団における健康に関連する状況あるいは事象の，分布あるいは規定因子に関する研究。また，健康問題を制御するために疫学を応用すること」と定義されている[1]。

　疫学は epidemic，つまり感染症を解析する学問として始まった。そういったこともあり，疫学の起源となる epidemic という言葉は，「伝染性の，流行している」といった意味を持つ。古代より人々は流行り病（epidemic）に苦しんではいたが，近代に入るまで科学的な手法で流行り病の原因を明らかにし，治療や予防を行うことはなかった。客観的に集団を観察によって再現性の高い事実を明らかにする，いわゆる疫学的な方法が初めて用いられたのは，1848年ジョン・スノウ（英国）によるコレラ研究が最初といわれている[2]。

　19世紀中頃ロンドンではコレラが流行していた。しかし当時は感染症（病原体）の概念が未だ確立しておらず，流行り病は汚染された空気によって発症するものと考えられていた。ジョン・スノウは発生した患者の詳細な地域調査によって，感染源は汚水溜めの近くにある井戸にあることを見出した。つまりコレラは，汚染された水を飲むことによって発症することを明らかにしたのである。これは汚染された空気によってコレラが発症するという当時の医学の常識を覆す大発見であった。そして汚染された井戸の飲水を禁止することによってコレラの流行を鎮静させた。

　日本においては，東京慈恵会医科大学の創設者である高木兼広が初めて疫学の手法を用いたといわれている。高木兼広は当時（1880年代）原因不明の難病だった脚気の原因究明と予防に尽力し，海軍の航海中の食事を改善することにより脚気の発生を激減させた[3]。

これは1912年に鈴木梅太郎がオリザニン(ビタミンB_1)を発見する30年も前のことである。

疫学研究は目的と方法によって，**記述疫学**（descriptive epidemiology）と**分析疫学**（analytic epidemiology）に分類される。

記述疫学は，観察集団における疾患に関するさまざまな事実を記述することを目的とする。分析疫学は，原因や仮説の正しさを調べることを目的とする。介入疫学は方法論による分類であり，薬や環境に対して介入を行う研究である。それぞれの疫学研究の目的に応じてさまざまな研究手法，つまり症例対照研究，コホート研究，ランダム化比較試験が使われる。また，疫学は集団を対象とした研究なので，結果を解析するために統計を用いることが非常に多い。さまざまな目的に応じた統計手法が開発されている。

疫学の中でも，特に薬に関する疫学を薬剤疫学（pharmacoepidemiology）と呼ぶ。薬剤疫学とは「集団における薬物使用による効果と副作用を疫学的手法を用いて研究する分野」である。薬の効果や頻度の高い副作用は介入試験で，頻度の低い副作用は分析疫学や記述疫学によって検証されることが多い。また近年は薬の効果や副作用ではなく，薬剤の費用対効果（price-performance ratio）も行われるようになっている。費用対効果とは，薬剤の費用とその効果の比率を調べてものであり，効果や副作用に差がないのなら，当然費用対効果の高い薬剤が推奨される。

疫学の特徴として，基礎研究と強く連動していることがある。疫学によって，疾患のリスクや病因を絞り込み，その後基礎研究で原因や治療が見出されるといった具合である。たとえば特定の人々に多発する性感染症という疫学的知見が，エイズウイルスの発見につながったといえる。逆に，まずは基礎研究が先行し，その後疫学研究によって仮説が実証されることもある。オーストラリアの病理学研究室で見つかった胃のピロリ菌は，その後の疫学調査で胃潰瘍の重要なリスクファクターであることが確認された[4]。

いずれにせよ，基礎研究で得られた知見も，人を対象とした集団で有効性やリスクが実証されなければ，認められない。疫学は病気や健康に関する知識を最終審判する部門であるともいえる。

時代とともに課題となる病気は変化する。現在社会では外傷や感染症のように1つの病因で説明できるものはむしろ少ない。環境や遺伝といったさまざまな多因子が複雑に関連して発症する病気が課題となっている。がん，生活習慣病，認知症といった病気の予防や治療が課題となっている。疫学は，病気の診断基準を作成し，罹患率や経過や知り，原因を同定し，治療法を検証するため，必要とされるであろう。

2. 疫学の概論

疫学を理解するためには，集団の状態を数量化し，解析する必要がある。そのための疫学理論や概念，疾患の指標や死亡の指標について説明したい。

2-1. 疫学の3要因

病気の原因を理解するにおいて「**疫学の3要因**」がある。これは感染症の理論から生まれた理論ではあるが，疫学において現在も使用される理論である。疫学では病気に関係するさまざまな要因を病因（agent），宿主要因（host），環境要因（environment）の3つに分類する（図1）。

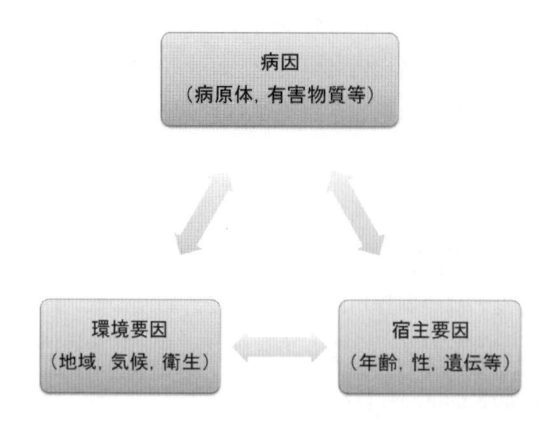

図1. 疫学の3要因

病因とは最終的な原因である。病因は英語では agent（作用物質や病原体という意味）という言葉が使われており，最終的にその疾患を発症させることになる病原体や作用物質という意味である。病因は病因の種類によって，生物学的要因（病原体），物理学的要因（熱や力），化学的要因（刺激物質，発がん性物質）に分類される。

宿主要因は個人の要因（年齢，性，人種，遺伝子多型，免疫力）であり，環境要因は衛生状態や職業，教育，経済状況，社会状況等を示す。

他の医学の領域では，疾患の原因を説明する場合，宿主要因と環境要因という2つのカテゴリーで用いて説明することも多い。疫学で3要因のカテゴリーが広く用いられるのは，疫学の主要なテーマである感染症の流行を理解するためには，病原体を環境から分けて，1つのカテゴリーとして区別したほうが理解しやすかったからであろう。

3要因の理論は感染症以外の疾患でも適応可能である。たとえば糖尿病では，病因は高血糖であり，宿主要因は遺伝要因や生活習慣や年齢であり，環境は，社会の食生活の変化やモータリゼーションとなる。

2-2. 比，割合，率（比率）

疫学の指標として，**比，割合，率（比率）** がある。

比（ratio）とは，同じ次元の異なる事象の対比を示す。疫学では相対リスクやオッズを示すときに用いる。なお病気のオッズとは，集団における病気の割合と病気でない割合の比である。

割合（proportion）とは，比の中でも特に全体における特定部分の占める大きさをいう。
率（rate）とは，比の中でも特に異なる次元の比（ratio）を表す場合に使うことが多い。時間との比で用いられるが（例：出生率 fertility rate：1年間の特定の人口における出生数），時間以外の比でも用いられることもある。

比，割合，率の定義を理解する必要はあるが，実際は日本語でも英語でも定義に基づいて厳密に使いわけられているわけではなく，慣用として使いわけられている部分もある。たとえば有病率は英語では prevalence rate を用いることが多いが，prevalence proportion と表記されることもあり，単に prevalence と書かれることもある。英語の ratio, proportion, rate と日本語の比，割合，率の訳が一致していないこともある（たとえば円周率は英語では circle ratio であるが，日本語では"率"である）。なお，率比（rate ratio）とは文字通り率の比である。累積率罹患率や罹患率の率比が，相対危険度（リスク比）の指標として使われる。

2-3．疾患に関する指標

健康上の事象の頻度を評価する際に，重要な2つの尺度がある。**有病率**（prevalence rate），**罹患率**（incidence rate）である。

有病率（P）は特定の時点における集団に存在する疾患の割合である。ケースの人数を（C）を集団の数（N）で割れば推定できる。

$P = C/N$

罹患率（IR）は，単位期間において集団内で新たに疾患が発生する指標である。罹患率の推定にはまず集団を観察し，その集団内に新たに発症した患者数（C）を把握する。次に，観察した集団における各個人の観察した時間（発症した場合は発症するまでの時間）を計算する（人年：person-year, PY）。罹患率（IR）は次のように表せる。なお罹患率（incidence rate）は，発症率（incidence rate）と訳されることもある．

$IR=C/PY$

ここで，対象者6人の仮想集団を使って有病率と罹患率を具体的に計算してみる（**図2**）。図2は，各対象者の研究に登録された時（始点）から観察終了までの期間（終点）を示している。

観察開始から1.5年の時点での有病率を計算する。観察開始から1.5年では図2に示すように，4人（A,B,C,E）中1人（A）が発症している。したがって1÷4となり，観察開始から1.5年における有病率は25％となる。

次に罹患率を計算する。観察期間の間に2人の患者（AとE）が発生している。次に人年を求める。人年はAからFまで，それぞれ順に1年，4年，2年，1年，2年，1年観察されている。Fは3年観察されているが，発症した場合は発症するまでの時間となるので2年である。したがって人年は合計11人年であり，罹患率は2÷11から，0.09 1ケース／

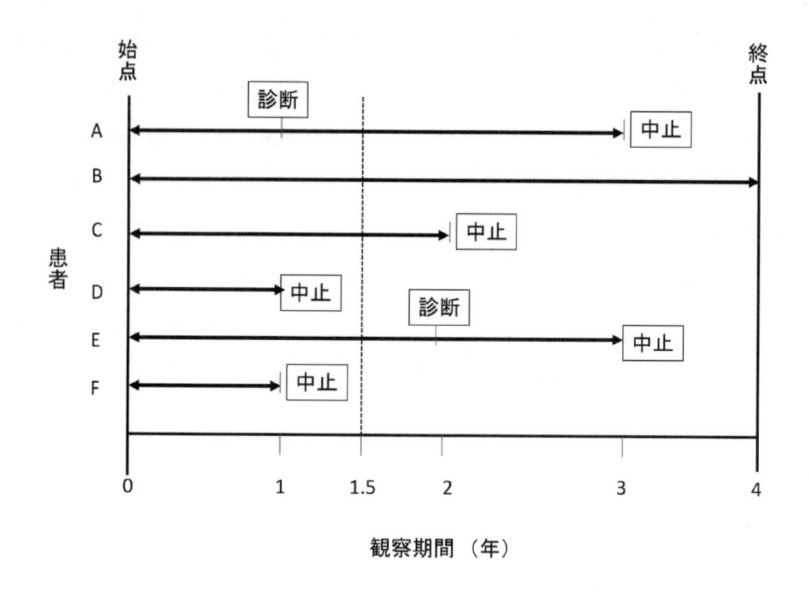

図2. 6例の仮想研究における観察期間と診断された病気

人年となる。

罹患率に似た指標として，累積罹患率（cumulative incidence rate）がある。累積罹患率とは，特定の集団における新たな患者発生数を母集団の数で割った指標である。人年で割り算していないところが罹患率と異なる。対象集団を一定期間追跡することにより計算される。脱落者は分母から除外される。

累積罹患率の具体例としては，たとえば50歳までに高血圧を発症する人の割合である。これは50歳までに高血圧を発症した人数を，50歳まで生存した人数で割ったものである。累積罹患率は，率というよりは割合と考えたほうが理解しやすいかもしれない。

生存率（survival rate）とは，特定期間生存し続ける確率である。がんのような慢性疾患では予後を示す指標として，1年生存率と5年生存率，50％生存期間（median survival time）がよく使われる。1年生存率が60％ということは，診断された後の1年後に生存している確率が60％ということである。50％生存期間は，中央値（median）で表現される。観察中に死亡しないケースは生存期間が確定しないので，平均値を算出できないからである。

致命率（case fatality）とは，ある疾患に罹患した患者が，その疾患が原因で特定期間以内に死亡する割合である。致命率と生存率の和は1（100％）になる。

2-4. 死亡に関する指標

死亡に関する指標としては，死亡数や死亡率が用いられる。さらに死亡率には粗死亡率（crude death rate）と**年齢調整死亡率**（age adjustment death rate）の2つがある。

粗死亡率は，特定の期間における集団内の死亡者数である。一定期間の死亡数を単純にその期間の人口で割った死亡率である。年齢調整していないので"粗"死亡率と呼ばれる。

年齢調整とは，ある基準となる年齢構成（人口ピラミッド）に，比較する集団の年齢別死亡率をあてはめ，人口構造の違いによる影響を排除することである。どんな疾病や事故にも好発年齢というものが存在するので，人口構造の違いによって粗死亡率は大きく変化する。たとえば高齢者が多い国では脳卒中の粗死亡率が増えるし，若者が多い国では減少する。そういった人口構造による影響を排除するため年齢調整死亡率は用いられる。疾患の死亡のリスクを国や時代で比較する場合，粗死亡率ではなく，年齢調整死亡率で比較することが大切である。

逆に考えれば，ある疾患の死亡者数が増えた場合，その原因として疾患の死亡リスクが本当に高くなっている場合（年齢調整死亡率が上昇している）と，母集団の人口構造の変化している場合の，2つの可能性がある。

年齢調整死亡率で比較することの意義を，日本人の自殺率を例に見てみよう。たとえば，日本では1998年から2011年まで自殺者が3万人を超えていた。自殺の年齢調整死亡率（図3）が当時どれほど高かったのか，他の時代と比較してみる。実は年齢調整された自殺率で見ると，自殺者が3万人を超えていた時代のほうがなべ底不況の時期よりもかなり低く，1980年代の円高不況と同じレベルであった。バブルの時期を別にすれば，ここ50年間の年齢調整された自殺率は人口10万人当たり15〜20人に収まっている。つまり1998年以降の日本の自殺者数の増加は，日本人の自殺のリスクがかってないほど上昇したからではなく，人口構造の変化の影響が大きかったことが推測できる。

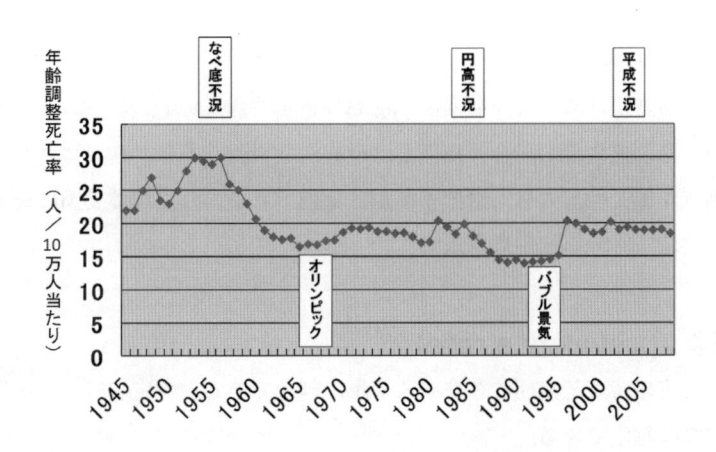

図3. 日本の自殺における年齢調整死亡率（人/10万人当たり）

1998年から2011年まで日本の自殺者が3万人を超えたのは，いわゆるベビーブーマー世代が自殺好発年齢に達したことの影響が大きかった。日本人の場合，自殺のリスクは年齢とともに上昇し，50歳代で最大となり，その後高齢化とともに低下する。当時ベビーブー

マー世代が自殺の好発年齢となったため，日本全体で自殺が急増したのである。その裏付けとして，ベビーブーマー世代が70歳代に向かいつつあるここ数年，自殺者数が急激に減少している。自殺の年齢調整死亡率を指標とすることによって，過去の日本人の自殺のリスクを理解することが可能となり，さらには今後の自殺者数を推測することができたといえる。

　出産に関する死亡率として，乳児死亡率，新生児死亡率，妊産婦死亡率といった指標が用いられる。

　乳児死亡率（infant mortality rate）とは，生後1年未満の乳児の年間死亡数をその年の出生数で割ったものである。年間の1000出産当たりの生後1年未満の死亡数で比較することが多い。国によって100倍以上の違いがあるため，周産期医療の指標としてだけではなく，その国の医療レベルを示す指標としても用いられる。なお，新生児死亡率は生後28日未満の死亡率であり，乳幼児死亡率は5歳未満までの死亡率である。

　妊産婦死亡率（maternal mortality rate）は，妊産婦死亡率は年間妊産婦死亡数を年間出産数（出生数＋死産数）で割ったものである。妊産婦の定義は，妊娠中および妊娠終了後満42日未満となる。妊産婦死亡率も国によって大きく異なるので，医療レベルの指標として使われる。

3. 疫学で使用する重要用語

疫学で頻用される重要用語には先に述べた比，割合，率以外に，以下のものがある。

3-1. 疫学の3要因

　病気に関係するさまざまな要因を病因（agent），宿主要因（host），環境要因（environment）の3つに分類する。感染症の場合，病因とは最終的な原因であり，病原体となる。宿主要因は人の要因（年齢，性，人種，遺伝子多形，免疫力）であり，環境要因は衛生状態や職業，教育，経済状況，社会状況等を示す。

3-2. 有病率（prevalence rate）

　有病率は，特定の時点で集団に存在する疾患の割合である。特定の時点の疾患人数を集団の人数で割れば推定できる。

3-3. 罹患率（incidence rate）

　罹患率は，集団内における新たに疾患が発生する速さである。罹患率の推定にはまず集団を観察し，その集団内に新たに発症する患者数を数える。次に，観察した集団の各個人ごとの観察した時間（発症した場合は発症するまでの時間）である人年を計算する（人年）。

罹患率（IR）は新たに発症した患者数を人年で割ったものである。

3-4. 累積罹患率（cumulative incidence rate）

累積罹患率は，特定の集団のある期間における新たな患者発生数を母集団の数で割った指標である。罹患率に似ているが，人年で割り算していないところが罹患率と異なる。対象集団を一定期間追跡することにより計算される。脱落者は分母から除外される。累積罹患率は，率というよりは割合と考えたほうが理解しやすい。

3-5. 年齢調整死亡率（age adjustment death rate）

年齢調整死亡率は，ある基準となる年齢構成集団に，比較する集団の年齢別死亡率をあてはまることによって，年齢の違いによる影響を排除するためのものである。死亡に関するリスクを国や時代で比較する場合，粗死亡率ではなく，年齢調整死亡率で比較するのが原則である。

4. 費用対効果

費用対効果（cost-effectiveness）とは，一定の目標を達成するために投入した費用（cost）の量と達成された効果（effectiveness, outcome）との関係を見ることである。一般的な評価方法として，費用効果分析（cost-effectiveness analysis）と費用便益分析 (cost-benefit analysis) がある。

費用効果分析は一定の費用に対してどれだけの医学的効果が達成されたかを評価する方法である。効果は医学的指標が用いられる。費用効果の指標としては，例えば1年間の延命に要した費用，1例の予防（再発防止）に要した費用，1年間DALY（disability adjusted life years）の延長に要した費用などがある。医学的指標によって費用効果は異なるので，複数の医学的指標を用いることが重要である。

一方，費用便益分析は，費用だけではなく，得られた効果も金額で評価し，両者の関係を評価するする方法である。たとえば，定期検診に要する費用とこの施策により期待される早期死亡，障害の予防により収入の損失をどれだけ減らすかという便益が挙げられる。しかし，効果を金銭に換算するのが難しい場合もある。一般的に，費用便益分析対策の結果，実施に要する費用が，予測される効果より金額に換算したものより大きいときに，その対策を実施することが望ましい。

■参考文献
1）日本疫学会（訳）：疫学辞典第5版（国際疫学学会後援図書），p.106，財団法人日本公衆衛生協会，2010
2）サンドラ・ヘンペル，（訳）杉森裕樹・大神英一・山口勝正：医学探偵ジョン・スノウ―コレラとブロード・ストリートの井戸の謎，pp.1-434，日本評論社，2009
3）松田誠：高木兼寛伝 脚気をなくした男，pp.1-212，講談社，1990
4）モートン・マイヤーズ〔小林力（訳）〕：セレンディピティと近代医学―独創，偶然，発見の100年，pp.125-142，中央公論新社，2010

問題と解答

問題1. 宿主要因でないものはどれか。1つ選べ。

 a）年齢
 b）性
 c）遺伝子多形（遺伝子の個人差）
 d）住居地
 e）既往歴の有無

解答　d

住居地は環境要因である。

問題2. 罹患率を計算するために必要な情報はどれか。1つ選べ。

 a）死亡率
 b）人年
 c）ある時点における病気の患者数
 d）病気の致命率
 e）病気の生存率

解答　b

罹患率とは，ある観察期間における病気の発症数を人年で割ったものである。

問題 3. 高齢者に多い病気の死亡者数が増加した場合，その背景として可能性が高いことはどれか。3つ選べ。

a) 病気の致命率が上昇した。
b) 病気の年齢調整死亡率が上昇した。
c) 高齢者人口が増えた。
d) 病気の累積罹患率が低下した。
e) 若年者の人口が減少した。

解答　a, b, c
高齢者に多い病気が増加したということは，年齢調整死亡率が増えたか，あるいは高齢者の人口が増えた可能性が挙げられる。致死率が増えると年齢調整死亡率は増加する。

第2章 応用編

5. 観察研究

KEY WORD 臨床研究, 観察研究, 介入試験, コホート研究, 症例対照研究, コホート内症例対照研究, 横断研, 時系列研究, バイアス, 交絡

1. はじめに

　本節「5. 観察研究」と次節「6. 介入試験・メタアナリシス」は，いずれもヒトを対象とする研究，すなわち「臨床研究（clinical research, clinical study）」に属する．そのため本節では，はじめに「臨床研究」全般について，その定義と分類の概要を述べる．次いで「観察研究」の代表的な研究デザイン（コホート研究，症例対照研究，横断研究等）について説明し，観察研究で陥りやすいバイアスならびに交絡と，その制御法について述べる．

2. 臨床研究の定義と分類

2-1. 臨床研究の定義

　臨床研究とは，「疾病の予防，診断方法及び治療方法の改善，疾病の原因及び病態の理解並びに患者の生活の質の向上を目的として実施されるヒトを対象とする医学系研究」である[1]．その研究範囲は医学に関する研究とともに，歯学，薬学，看護学，食品栄養学，リハビリテーション学，予防医学，健康科学等，多岐にわたる．また研究目的に関しても，調査で得られたデータから要因や疾病などの頻度や分布を明らかにする"仮説の設定や探索"を目的とした研究から，因果関係や効果など結果に及ぼす要因を分析し，"仮説の検証"を目的とした研究までさまざまである．

　そもそも基礎研究において，試験管内や動物実験で新しい知見が得られたからといって，その結果を直ちにヒトに応用することを認めるわけにはいかない．また，医療現場における経験的事象（体験）だけで，科学的に説得力のある臨床的な法則を導き出したと認めるわけにはいかない．ヒトにおけるエビデンスは臨床研究により構築していく必要がある（第1章「8. 臨床研究計画法とEBM」を参照）．

臨床研究の対象は，被験者候補となる人自身だけではなく，個人を特定できる血液・尿等の人由来の材料（試料）および臨床検査や画像診断のデータが含まれる。そのため，被験者の人権・安全確保や個人情報保護といった倫理面での配慮がことさら，重要となる。被験者候補者に対する十分な説明と自由意思による文書同意（インフォームドコンセント）の実践が求められるとともに，個人情報保護においては被験者本人のみならず試料やデータに対しても漏えいしないよう，十分に注意を払わなければならない。

2-2．臨床研究の分類

　臨床研究は大きく，**観察研究**（observational study）と**介入試験**（interventional study）に分けられる（表1）[2]。観察研究は調査研究ともいわれ，人為的な介入を加えずに評価項目を調査する。調査の時間的な方向性としては，前向き（prospective），後ろ向き（retrospective）あるいは一時点と，いずれの場合もあり得る。一方，介入試験は臨床試験（clinical trial）ともいわれるように，人為的な介入を行い，前向きにデータを収集して評価する（次節「6. 介入試験・メタアナリシス」を参照）。言葉を換えていえば，観察研究は自然に存在する擬似的な実験的環境を利用しているのに対し，介入試験は科学的な実験的環境を人為的に作り出しているといえる。

表1．臨床研究の分類[2]

観察研究（調査研究） observational study （自然に存在する擬似的実験的環境を利用する）	介入試験（臨床試験） interventional study （人為的に実験的環境を作り出す）
・縦断研究：longitudinal study 　（時間的な要素を含む研究） 　　・コホート研究：cohort study 　　　前向き研究（prospective study） 　　・症例対照研究：case-control study 　　　後向き研究（retrospective study, 　　　　　　　　trohoc study） ・横断研究：cross-sectional study 　（調査時点での分布を示す研究） ・症例集積研究：case series ・症例報告：case report	・ランダム化比較試験 　randomized controlled trial (RCT) 　マスキング（遮蔽化，盲検化）の種類： 　　（オープン，単盲検，二重盲検） 　対照の種類： 　　プラセボ，標準薬，異なる用量 　　クロスオーバー試験，並行群間比較試験 　　漸増試験 ・非ランダム化比較試験 　non-randomized controlled trial ・無対照（非比較）臨床試験 　uncontrolled trial

　観察研究は，調査の時間的要素から，**縦断研究**（longitudinal study）と**横断研究**（cross-sectional study）に大別される。縦断研究は時間的要素を含み，"原因―結果"といった因果関係の時間的関連を検討する。一方，横断研究では時間軸は存在せず，調査時点での分布を示す（"原因―結果"の仮説を提供するにとどまる）研究である。縦断研究はさ

らに，調査する時間的な方向性により，前向きに調査する**コホート研究**（cohort study）と，後ろ向きに調査する**症例対照研究**（case-control study）に分けられる。観察研究にはほかに，症例集積研究（case series）や症例報告（case report）等も含まれる（記述疫学的研究については，「4. 疫学概論」を参照）。

3. 観察研究（各論）

ここでは，観察研究の代表的な研究デザインであるコホート研究，症例対照研究，横断研究について説明する[3]。

3-1. コホート研究
3-1-1. 前向きコホート研究

コホート（cohort）とは，古代ギリシャの歩兵軍団（集団の意味）が語源である。目的とする評価項目（アウトカム）が出現する可能性のある集団（population at risk）を特定し，観察や測定（質問票，検査等）により要因（予後因子）の暴露群と非暴露群を同定後，一定期間追跡（フォローアップ）し，新規発生するアウトカムを調査する研究である（**図1a**）。歩兵軍団が前に進むようにコホートを前向きに観察することが基本となる（後ろ向きコホート研究は後述）。前向きに暴露情報を調査するため，後ろ向き研究と比較し，情報の信頼性が高い。

コホート研究では，フォローアップ期間中の予後因子とアウトカムを測定し，発生率や関連性を分析する。相対リスク減少率および絶対リスク減少率が求められ，因果関係の検

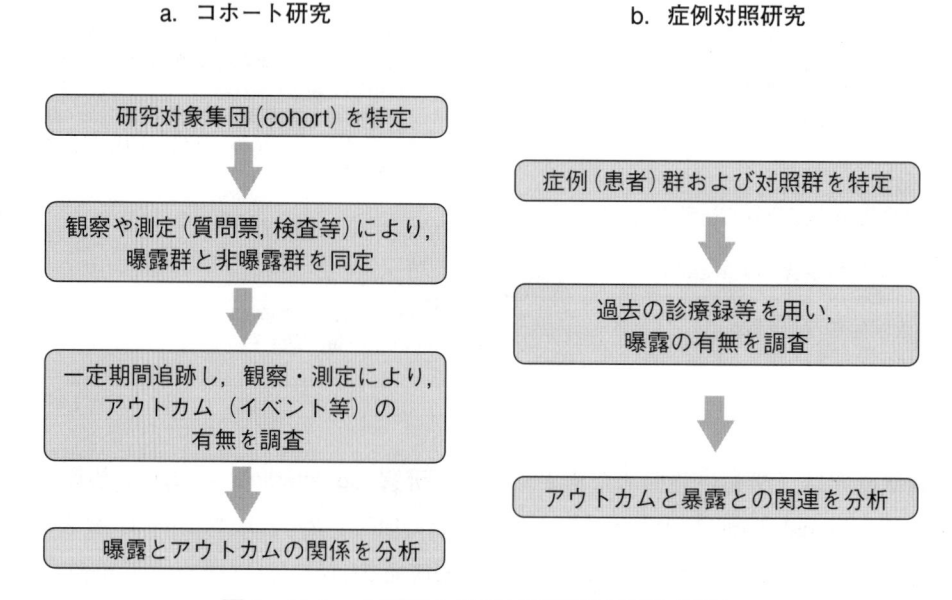

図1．コホート研究と症例対照研究の実施の流れ

表2. コホート研究と症例対照研究の比較

コホート研究	症例対照研究
・前向き研究が基本 　（後ろ向きコホートもある） ・暴露情報の信頼性：高い 　暴露と疾患発生の時間関係：明確 ・相対リスク減少率，絶対リスク減少率 　の計算：可能 ・まれな疾患の研究：不適当 ・まれな要因の研究：適当 ・対象者：多く必要 ・調査期間：長い 　人口移動の大きい集団：実施困難 ・費用・労力：多くかかる	・後ろ向き研究 ・暴露情報の信頼性：情報収集の方法に 　よっては低い 　暴露と疾患発生の時間関係：明確でな 　いことあり ・オッズ比の計算：可能 ・まれな疾患の研究：適当 ・まれな要因の研究：不適当 ・対象者：少なく済む ・調査期間：短い 　人口移動の大きい集団：実施可能 ・費用・労力：少なく済む

討が可能である．コホート研究はまれな曝露要因では効果的な研究であるが，概して症例数が多く必要で，観察期間も長くかかる．また，疾患やイベントの発生率が低いアウトカムの評価には，時間・労力・資金が膨大となり適さない（表2）．たとえば，脳血管障害の再発率の測定には適しているが，初発率の測定には適さない．

なお，予後因子が異なる複数のコホートを設定してフォローアップし，コホート間でのアウトカムの発生率を比較する研究を，多重コホート研究という．

3-1-2. 後ろ向きコホート研究

後向きコホート研究とは，研究を開始する時点で，予後因子やアウトカムの変数測定が終了しているコホート研究をいう．他の目的で設定された前向きコホート研究のデータベースや，保険や電子カルテ情報，疾患登録に関するデータベースが整備されている場合に可能な方法である[4]．単にアウトカム発生後のカルテ情報を抜き出してデータベース化しても，後ろ向きコホート研究とはいえない．診療データを利用する場合には，クリティカルパスや診療ガイドライン等で治療内容と検査のタイミングが標準化されているか，予後調査が恣意的でなく行われているかについて注意する必要がある．

3-2. 症例対照研究

症例対照研究は，患者対照研究ともいい，時間軸を後ろ向きに設定して調査する研究である．症例（患者）群および対照群を特定し，過去の診療録等を用いて曝露の有無を調査し，アウトカムと曝露との関連を分析する（図1b）．症例対照研究はコホート研究と同様，多種の曝露要因を同時に評価が可能である．一方，コホート研究とは逆に，まれな疾患で

効果的な研究デザインである（まれな要因には適さない）。

症例対照研究はコホート研究と比較して研究期間が短く済み，労力・費用も少ないという利点を有する。一方で，全体の population at risk 集団を特定できないため，相対リスク減少率や絶対リスク減少率は計算不可能である。そのため，オッズ比を算定し，疾患と暴露との関連を検討する（因果関係の確定まではできない）。

なお，症例対照研究の後ろ向き研究の弱点としての暴露情報の信頼性をより高めた研究デザインとして，**コホート内症例対照研究（nested case-control study）**がある。コホート内症例対照研究の実施方法は，前向きコホート研究の手順と同様に，対象集団（コホート）の特定,事前に必要と予測されるデータの探索を行う。次いで，一定期間フォローアップし，疾患発生後に有疾患群を同定する。さらに，症例に対応する対照を同一コホートから選択し，事前測定データを用いて曝露と結果との関連を分析する。この方法は，症例対照研究で起きやすい想起バイアス（後述）を排除でき，コホート研究と症例対照研究を同時に行え，費用節減につながる。

3-3. 横断研究

横断研究は，一時点（同時点）での曝露要因と疾患との関連を検討する研究である。時間軸がないので，曝露要因と疾患の間の時間的な因果関係は決定できないが，ほかの研究調査を行う上での良い仮説を与える先行研究となり得る。横断研究で求めることができる指標には，有暴露率や有病率等がある。

なお，時間経過があるが縦断研究ではない研究に，時系列研究（time series study）がある。この研究は，集団の個人個人のデータの経過を追跡するのではなく，全体の集団データを各時点で観察し時間ごとの変動を見る**動向調査（surveillance）**である。それに対し，横断研究は一時点での観察を示す**実態調査（survey）**である。時系列研究は横断研究よりも因果関係を推測しやすいが，直接的な因果関係はわからない。

4. バイアスの種類と，その制御法，交絡

4-1. バイアス

観察研究は，自然に存在する擬似的な実験的環境を利用しているため，介入試験と比較し，要因と結果の関係に影響を与えるさまざまなバイアスが生じやすい[5,6]。以下，一般的に用いられる大分類として，選択バイアスと情報バイアス，さらに交絡について述べる。

4-1-1. 選択バイアス（selection bias）

選択バイアスとは，調査対象者の選択に関わる過程で生じるバイアスをいう。具体的には，自己選択バイアス（self-selection bias），健康労働者効果（healthy worker effect），未回

答者バイアス（non-respondent bias），入院バイアス（admission bias），罹患者－有病者バイアス（incidence-prevalence bias），脱落バイアス（withdrawal bias）等が含まれる。

選択バイアスを制御するには，曝露や結果に影響されない選択基準を定義する，両群間の脱落を最小限にする，人口集団を基盤とした標本抽出（ランダム抽出；random sampling）やランダム化（ランダム割付；randomization）を行う。

4-1-2．情報バイアス（information bias）

情報バイアスとは，調査対象者からデータを収集する方法に関わる過程で生じるバイアスをいう。具体的には，診断バイアス (diagnostic bias)，想起バイアス (recall bias)，思案バイアス (rumination bias)，質問者バイアス (interviewer bias)，測定バイアス (measurement bias)，誤分類バイアス (misclassification bias) 等が含まれる。

情報バイアスを制御するには，プロトコルでの標準化を図り，データ収集の出所や方法をすべての研究施設および比較群で同一にする。また研究者（質問者）は，可能な限り曝露や疾患を意識しない（盲検化を行う）ようにする。

4-2. 交絡

交絡とは，2つの変数間の関係が別の変数の影響を受けて，真実の関係とは異なった観察結果をもたらすことをいう。一般的に観察研究では，必ずといって良いほど影響を受ける（交絡バイアスという用語がある）。**交絡因子**（confounding factor）とは，予測因子と関連を持ち，同時に結果因子の原因ともなる因子である。

交絡因子の影響を排除する対処法には，研究デザインの段階で行う方法と，データ解析の段階で行う方法がある。

4-2-1．研究デザイン時での対処法

研究デザイン時における対処法は，選択バイアスの場合と同様に，ランダム抽出やランダム化を行う，選択基準の設定による「**限定（specification）**」や，調べたい要因以外の要因（年齢・性別等の特性）を症例と対照群で一致させる「**マッチング（matching）**」等がある。

4-2-2．データ解析時での対処法

データ解析時における対処法には，収集したデータで同じ特性を持ったグループ（層；strata）に分け，層ごとに分析する「**層化（Stratification）**」，年齢等，結果に影響すると考えられる要因により重み付ける「**標準化（standardization），調整（adjustment）**」，**多変量解析（multivariate analysis）**により補正する等がある。

5. おわりに

　次節「6. 介入試験・メタアナリシス」の中で説明するランダム化比較試験と比べ，観察研究はエビデンスが強くないといわれる。その理由は，（病院によって異なる患者が訪れるなど）症例選択において母集団（目的集団）からの標本の代表性，無作為性が保たれないこと，転居・死亡等により症例の中途脱落，データの欠損が生じやすいこと，背景による交絡因子の調整が困難であること，比較する例数が偏りやすいこと等が挙げられる。これらの限界を十分に把握し，質の高い観察研究を行うためのガイドラインとして，"STROBE Statement"がインターネット上で公開されており，観察研究の手順や実施上の留意点について具体的に記載されている[7]。

■参考文献
1) 小林真一：臨床研究の倫理指針. 臨床薬理学 第3版〔日本臨床薬理学会（編）〕, pp. 22-24, 医学書院, 2011
2) 山田浩：臨床研究の基礎知識. 日本臨床薬理学会認定ＣＲＣ試験対策講座, pp. 25-41, メディカル・パブリケーションズ, 2009
3) Cummings SR, et al : Study designs. Designing Clinical Research, 4th ed（Ed by Hulley SB, et al）, pp. 84-136, Lippincott Williams & Wilkins, 2013
4) 久保田潔：薬剤疫学. 臨床薬理学 第3版〔日本臨床薬理学会（編）〕, pp. 68-71, 医学書院, 2011
5) Rothman KJ : Epidemiology : An Introduction, 2nd ed, Oxford University Press, 2002
6) 黒澤菜穂子：有効性情報の評価. 医薬品情報学 workbook〔望月眞弓, 山田浩（編）〕, pp. 84-94, 朝倉書店, 2015
7) STROBE Statement-Strengthening the Reporting of Observational studies in Epidemiology-
http://www.strobe-statement.org/

問題と解答

問題1．観察研究に関する記述で正しいのはどれか。2つ選べ。

a) データ欠落（欠測）が生じにくい。
b) 比較する例数が偏りやすい。
c) 母集団からの標本の代表性が保ちやすい。
d) 背景による交絡因子の調整が容易である。
e) 症例の中途脱落が生じやすい。

解答　b, e
観察研究は転居等でデータの欠測が生じやすく，中途脱落も起きやすい。また，比較する例数が偏りやすく，母集団からの標本の代表性も保ちにくい。交絡因子の調整は容易ではない。

問題2. コホート研究に関する記述で<u>適切でない</u>のはどれか。<u>2つ選べ</u>。

a）因果関係を検討することができる。
b）相対リスク減少率の算定が可能である。
c）複数要因の同時評価が可能である。
d）まれな疾患に良い適用である。
e）人的，金銭的資源が症例対照研究よりも削減できる。

解答　d, e

コホート研究は，要因と結果の因果関係を検討することができる。相対リスク減少率の算定が可能であり，複数の要因を同時に評価できる。コホート研究はまれな要因に良い適用である（まれな疾患に良い適用があるのは症例対照研究である）。人的，金銭的資源が症例対照研究よりも多く必要となる。

問題3. 症例対照研究に関する記述で正しいのはどれか。<u>2つ選べ</u>。

a）オッズ比が算定できる。
b）暴露要因との因果関係を検証することができる。
c）多種の曝露要因は同時に評価できない。
d）まれな疾患での評価が効果的である。
e）まれな要因での評価が効果的である。

解答　a, d

症例対照研究では，オッズ比が算定できる。暴露要因との関連を検討することができるが，因果関係を検証することはできない。多種の曝露要因の同時評価が可能である。まれな疾患の評価には効果的であるが，まれな要因の評価には不適当である。

第2章●応用編

6. 介入試験・メタアナリシス

KEY WORD 介入試験,ランダム化比較試験,並行群間比較試験,クロスオーバー試験,ランダム割付,盲検化,中間解析,システマティックレビュー,メタアナリシス,異質性の検定,森林プロット,漏斗プロット

1. はじめに

　前節の「5. 観察研究」に続き,本節では臨床研究の中で実験的要素が強い研究デザインである「介入試験」を取り上げる。「介入試験」の中では,エビデンスレベルが高い最たる研究デザインであるランダム化比較試験(randomized controlled trial,RCT)の試験計画法を十分に理解する必要がある。本節ではさらに,RCTを統合したメタアナリシスの手法について述べる。

2. 介入試験

2-1. 介入試験の実験的側面

　介入試験は,ヒトを対象とする研究の中で実験的要素が強い研究である[1]。自然経過に対し人為的に介入を加え,その結果に基づいて介入による効果を推測する。介入試験は実験的な研究であるだけに,人体に対する身体的・精神的侵襲の面から倫理的に行ってはならない場合があり得る。たとえば,喫煙や飲酒を強制的に行い人体への影響を検討するといった,ヒトに対して有害と考えられる介入を行うような研究が該当する。そのような場合には,介入試験ではなく観察研究に留めて実施するか,あるいは有害な要因を除去するような研究デザイン(禁煙教育や断酒プログラムの介入等)に変更しなければならない。

2-2. 介入試験の分類

　介入試験は,対照(コントロール；control)および介入の種類,ランダム化や盲検化の方法等により分類される[2,3](前節「5. 観察研究」の「表1. 臨床研究の分類」を参照)。

140

2-2-1. 対照および介入の種類

　対照となるグループ（対照群，コントロール群）を設定し，介入群と比較検討するプロセスは，臨床研究の質を担保する上で極めて重要である．対照の種類は，プラセボ（placebo），標準治療，あるいは無治療に大きく分けられる．介入処置は医薬品・医療機器をはじめ，手術や放射線治療，理学療法，心理療法，食品・健康食品，運動，健康増進プログラム等，さまざまである．

　対照を設定しない（無対照）介入試験もある．その場合は，介入前後の比較あるいは過去に報告されている他の研究データの比較になるが，バイアスの制御が難しく，エビデンスレベルは低くなる．

2-2-2. 盲検化の種類

　盲検化（blinding；遮蔽化／masking ともいう）の種類は，被験者を盲検化する**単盲検（single blind）**，被験者に加え試験責任医師，CRC（clinical research coordinator），試験薬管理者等を盲検化する**二重盲検（double blind）**，それに加え統計解析者を盲検化する**三重盲検（triple blind）**があり，この順にエビデンスレベルが上昇する．

　盲検化せずに介入群と対照群を比較する場合もあり，オープンラベル試験（あるいは単にオープン試験という）と呼ばれる．その場合は非盲検下での比較となるため，主観が入るような評価項目（エンドポイント，アウトカム）の場合はバイアスが入りやすくなる．

　なお，上記外の盲検化デザインとして，**prospective, randomized, open-labeled, blinded endpoints study（PROBE 法）**がある．これは，統計解析者のみを盲検化した方法であり，エンドポイントの評価の段階を盲検化しているが，被験者，試験責任医師，CRC 等は盲検化していないことに注意が必要である．

3. ランダム化比較試験

　ランダム化比較試験は，**ランダム化臨床試験（randomized clinical trial）**，ランダム化比較対照試験とも呼ばれるが，いずれも同じ意味であり，すべて RCT と称される．

　ランダム化（無作為化ともいう）とは，介入群，対照群いずれの群に割り付けられるかを予測できないように，コンピュータによる乱数発生等を用い，偶然によりそれぞれの群へ割り付けるプロセスをいう．ランダム化することにより，被験者を割り付ける際のバイアスを制御することが可能となる．すなわち，系統誤差から偶然誤差への転化を行うことが可能となり，群間の比較可能性（comparability）が担保される（内的妥当性の確保：第1章「8．臨床研究計画法と EBM」を参照）．

3-1. ランダム化比較試験の種類

　主なランダム化比較試験には，並行群間比較試験（parallel group comparison design），クロスオーバー試験（crossover design），多元配置（要因デザイン；factorial design）試験がある。

　並行群間比較試験は，インフォームドコンセントによる文書同意が得られ適格基準に合致した被験者を，介入群あるいは対照群いずれかにランダム割り付けし，両群を並行して追跡評価する試験デザインである。クロスオーバー試験は，上記と同様にして選択された各被験者に対し，介入群あるいは対照群への割付を，時期を交互にずらして，両方行う試験デザインである。多元配置試験は，並行群間比較試験に加え，2つ以上の要因（治療法）を組み合わせて行う試験デザインである（図1）。

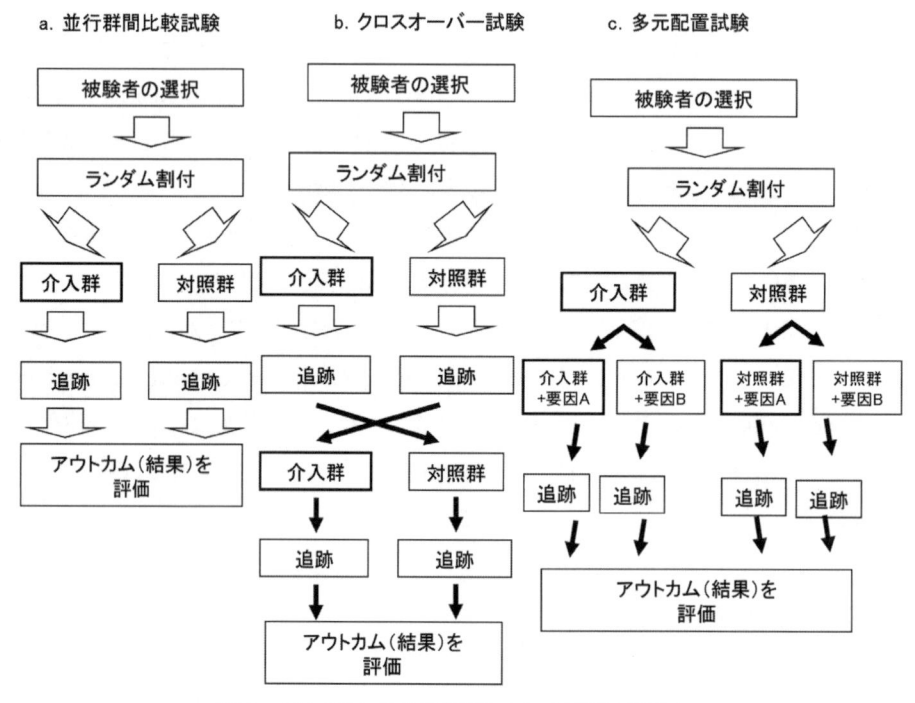

図1. ランダム化比較試験の主な試験デザイン

　各試験デザインは，試験の目的に合わせて選択することなる。たとえば，クロスオーバー試験は，健常人や未病者を対象とした少数例の薬物動態試験で，しばしば用いられる試験デザインである。その理由は，同一被験者で介入・対照いずれも行うため，データのばらつきが少なく，かつ症例数が少なく済むこと，さらに母集団の平均的用量 - 反応曲線だけでなく，個々の被験者の用量 - 反応曲線の分布も推定できることによる（表1）。しかし一方で，被験者にとって試験期間が長くなり，中途脱落の原因となることや，持ち越し効果を防ぐためwashout期間の設定が必要となり，順序効果や時期効果（時期と介入の交互作用）を考慮しなければならないデメリットがある。そのため，患者を対象とした治験等

の臨床試験では，並行群間比較試験を用いることが多い。

表1．クロスオーバー試験のメリット・デメリット[2]

<メリット>	<デメリット>
・データのばらつきが少ない。 ・症例数が少なく済む。 ・母集団の平均的用量-反応曲線だけでなく，個々の被験者の用量－反応曲線の分布も推定できる。 ・順序効果や時期効果がわかる。	・個々の被験者にとって試験期間が長くなり，中途脱落の原因となる。 ・持ち越し効果，順序効果，時期効果（時期と介入の交互作用）を考慮しなければならない。（washout期間が必要）

3-2．割付の方法

ランダム割付の方法には，割付確率が試験期間中，一定である**静的割付**と，一定でない**動的割付**がある[4]（**表2**）。静的割付には，置換ブロック法（permuted block method）や，層別置換ブロック法等がある。一方，動的割付は最小化法，バイアスコイン法等がある。

表2．割付の方法[4]

<静的割付>	<動的割付>
・置換ブロック法 　（permuted block method） ・層別置換ブロック法 ・封筒法 ・乱数表 　（コイン投げ）	・最小化法 ・バイアスコイン法 ・壺モデル法 ・反応依拠型の方法 　（play-the-winner法等）

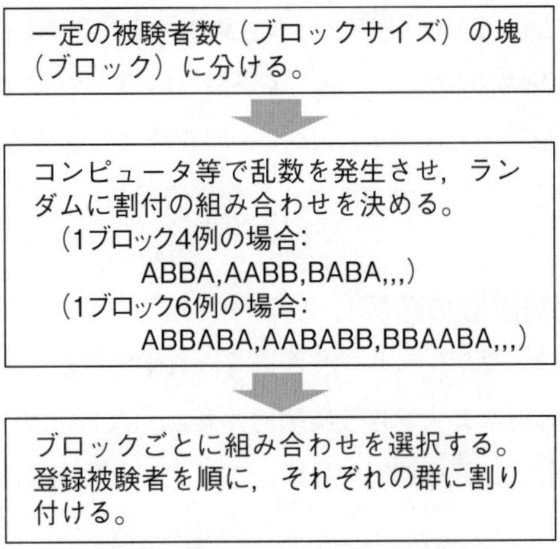

一定の被験者数（ブロックサイズ）の塊（ブロック）に分ける。

↓

コンピュータ等で乱数を発生させ，ランダムに割付の組み合わせを決める。
　（1ブロック4例の場合：
　　　ABBA,AABB,BABA,,,）
　（1ブロック6例の場合：
　　　ABBABA,AABABB,BBAABA,,,）

↓

ブロックごとに組み合わせを選択する。登録被験者を順に，それぞれの群に割り付ける。

図2．置換ブロック法（例）

実際の割付方法の例として，置換ブロック法の実施の流れを図2に示す。層別置換ブロック法では，この方法を基本とし，プロトコルで規定した割付調整因子を加味して割付を行うことになる。

3-3. 症例数設計

　介入試験は，人為的な介入を伴う臨床試験であるため，多くの被験者を，リスクが皆無でない試験に不必要に曝すことは倫理的に問題である。また，研究に関わる人的資源やコストを必要以上に多くしないことも重要である。以上の倫理的・経済的側面から，症例数設計の科学的な根拠が求められる。

　症数設計においては，対照群におけるリスク（ベースラインリスク），介入によるリスク減少の程度，**タイプⅠエラー**（α），**検出力**（power：$1-\beta$），脱落率，打ち切り後の効果の残存等を考慮して決定する（第1章「4. 検定Ⅰ」を参照）。一般的に，ベースラインリスクが高く，予想される介入の効果が大きいほど，必要症例数は少なくなる。なお，試験の目的が，優越性，同等性，非劣性の検証いずれかによっても，症例数の算定は異なる。

3-4. 中間解析

　中間解析（interim analysis）とは，最終評価項目の解析を研究終了前に行うことである。臨床試験が長期に及ぶ場合等で，中間解析が必要とされる場合，プロトコルで規定し実施される。中間解析が必要とされる場合とは，予想以上の効果が早期に観測される可能性がある，逆に安全性に問題が生じる懸念があるような状況であり，中間解析を行った場合は，効果安全性評価委員会のもとで早期中止の是非が判断される。

　中間解析を実施する上の統計学的な注意点としては，検定を繰り返すことによる多重比較の問題が生じることである。それに対応した補正法としては，Pocock法, O'Brien-Fleming法，Lan-Demets法等がある。Pocock法は，各解析での有意水準を一定にする方法である。それに対してO'Brien-Fleming法は，各解析の有意水準を段階的に大きくする方法であり，Pocock法に比べ最大症例数が少なく済み，最終解析時点でも大きな有意水準を設定できるという利点がある。また，Lan-Demets法はα消費関数という有意水準に確率の考え方を加え，これらの方法を包含し，かつ柔軟化した方法である。

3-5. ランダム化比較試験の限界

　ランダム化比較試験はエビデンスレベルが高く，科学的に最も信頼されている試験計画法である。一方で，人為的な介入を伴う実験的要素と，人的労力，コスト共に大きいことから，解析症例数が少ない，観察期間が短い，適用すべき集団が限定されるといった問題点も存在する。

　そこでランダム化比較試験を計画するにあたっては，その限界を見極め，目的，エンド

ポイントおよび対象集団等を設定する必要がある[5,6]。すなわち，主要エンドポイントは真のエンドポイントあるいは代替エンドポイントか？　将来適用する集団を想定した被験者の選定か？　解析対象集団は研究に組み入れた症例すべての解析（ITT）か，あるいはプロトコル遵守集団（PPS）か？　脱落例の扱いは妥当か？　安全性に危惧がないか？　といった試験の限界に関わる項目を明確にする必要がある。

4. メタアナリシス

　メタアナリシス（meta-analysis）とは，複数の論文結果を定量的に統合した分析の一手法である。言葉を換えていえば，研究結果を統合する目的で，個々の研究から得られた解析結果の膨大な収集データに対して実施する統計解析ともいえる。
　科学論文を原著論文，総説論文を含め全体を眺めると，メタアナリシスはシステマティックレビュー（systematic review）で用いられる統計的手法となっている。システマティックレビューとは，特定の疑問（clinical question あるいは research question）に対して，数多くの研究を網羅的に，再現性のある方法に従って集め，その時点における結果を体系的にまとめたものである。

4-1. メタアナリシスの目的
　メタアナリシスでは，明確でない研究結果が研究の対象目的となる。研究の最初にはわからなかった疑問を解決するために，サンプルサイズを増やすことにより統計学的な検出力を高める，論文の結論が一致していない場合にその不確実性を解決する，エフェクトサイズ（有効サイズ，有効量，効果サイズ）を改善するといった目的で実施される。

4-2. 研究の選択とデータ抽出
　メタアナリシスは臨床の疑問を明確化するために，網羅的に検索を行い，EBMの手法に従い批判的吟味を加えたものである。研究の選択にあたっては，PECO または PICO（patient, intervention, comparison, outcome）に沿って，解決すべき疑問（research question）とそれに沿った検索すべきキーワードを決定し，文献検索を行う（第1章「8. 臨床研究計画法とEBM」を参照）。
　文検検索にあたっては，収集すべき論文の採用基準（selection criteria）が何か（研究デザイン，エンドポイント等）を明確にする。メタアナリシスの対象となる研究はランダム化比試験以外にもあるが，質の高いランダム化比較試験を統合すれば，エビデンスレベルは最強となる。エンドポイントに関しては，2値あるいは連続変数であるかは非常に重要である。2値変数であればオッズ比，連続変数であれば weighted mean difference（WMD）を用いて統合する。

4-3. 選択・収集する情報源

　研究の選択・取集はハンドサーチも含めて，網羅的に行う。二次資料として利用するデータベースは，MEDLINE（PubMed），CENTRAL（Cochrane Database），EMBASE，ScienceDirect，Web of Science，医中誌web，臨床試験登録システム等がある。データベース以外では，未発表論文，著者のホームページやメールアドレスへの直接連絡，学会プロシーディング，抄録，学位論文等，可能な限り網羅的に渉猟する。

4-4. 研究の質の評価

　得られた論文に対し，研究の質を評価する。ランダム化比較試験の質の評価では，Jadad score が使われることが多い[7]（表3）。この評価では，ランダム化，二重盲検，中止脱落例の記載の明示の有無で各1点，次いでランダム化，盲検化の方法の適切性で各1点の計5点満点で質を評価する。2点以下の場合は，準ランダム化の扱いとしている。

表3．ランダム化比較試験の質の評価：Jadad score[7]

記載内容	明示の有無	追加点
ランダム化	はい　+1	適切である　+1 （乱数表，コンピュータ等）
二重盲検	はい　+1	適切である　+1 （プラセボ，実薬ダブルダミー等）
中止脱落例	はい　+1	

4-5. 研究結果の統合

4-5-1. 統合の手順

　研究結果の統合にあたっては，まず各研究のエフェクトサイズを加重平均する。各研究の重みには，エフェクトサイズ推定値の標準誤差（standard error, SE）を2乗したもの，すなわち分散の逆数が使用される。したがって，エフェクトサイズの推定精度が高い（標準誤差が小さな）研究ほど大きな重み（w）が与えられる。

　統合されたエフェクトサイズの標準誤差は，すべての研究の重みを合計したものの逆数の平方根で表される。

$$SE = 1/\sqrt{\sum w}$$

　統合の対象となる個々の研究の推定精度が高く，研究の症例数が多いほど，統合されたエフェクトサイズの標準誤差が小さくなり，推定精度が高まる。

4-5-2. 異質性の検定

　メタアナリシスでエフェクトサイズを統合する際には，統合の対象となる研究の均質

性あるいは不均一性（**異質性**；heterogeneity）に関して検定を行う必要がある．具体的には，Cochran's Q test や Higgins I^2 統計量が用いられる．

4-5-3. 統合に用いるモデル

統合に用いるモデルには，固定効果モデル（fixed effects model）と変量効果モデル（random effects model）がある．固定効果モデルは，集められた研究結果のばらつきを偶然誤差と仮定する方法である．固定効果モデルには，Mantel-Haenszel 法，Peto 法，General variance-based method 等がある．一方，変量効果モデルは，偶然誤差以外に，異質性，たとえばプロトコル，患者，地域の違い等も関与すると仮定する方法である．変量効果モデルには，DerSimonian-Laird 法等がある．

4-6. 森林プロット

森林プロット（forest plot）とは，各研究のアウトカムに対する推定された効果の大きさと統合された効果の大きさ，および 95％信頼区間をプロットしたものである[8]（**図3**）．図中の四角は各研究のエフェクトサイズの点推定値を表し，四角の大きさは各研究の重みを，左右の横棒は，その 95％信頼区間を表している．菱形は統合されたエフェクトサイズを表し，菱形の中心が点推定値，左右の頂点間の幅が 95％信頼区間を表す．

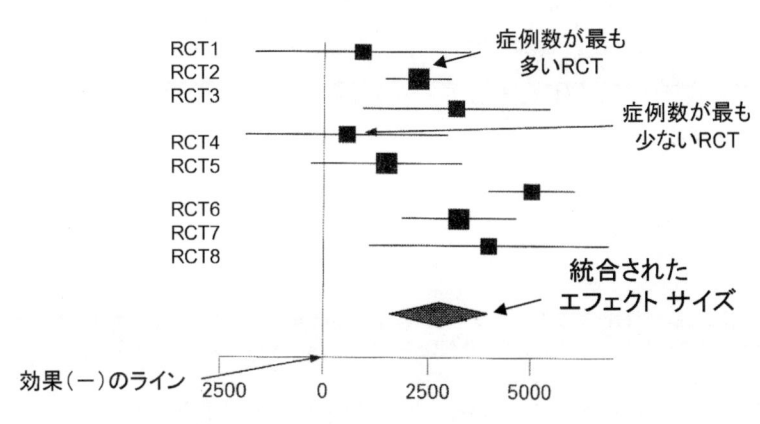

図3. 森林プロット（文献8）より改変）
RCT : randomized controlled trial

4-7. 漏斗プロット

漏斗プロット（funnel plot）は，出版バイアス（publication bias）の存在や研究の質のばらつきを確認するために用いられるプロットである（**図4**）．横軸はエフェクトサイズ（オッズ比等），縦軸は治療効果の精度（標準誤差，サンプルサイズ等）を表す．図4は，negative な結果の論文は掲載されにくいことから，プロットが左右対称にならず positive 側に偏よる可能性があることを示している．

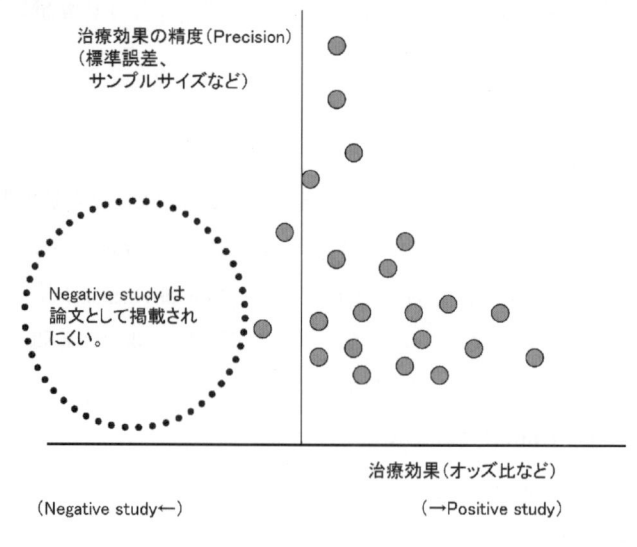

図4. 漏斗プロット

5. おわりに

　ランダム化比較試験およびメタアナリシスを用いたシステマティックレビューの実施手順や留意点については，前者はCONSORT Statement [6]，後者はPRISMA [9] に具体的に記載されている．ランダム化比較試験に関してはCONSORT Statementにおいて，被験者の選定からランダム割付，統計解析に至るまでのフローダイアグラムが25項目のチェックリストにより記載され，実施計画を立案する上での拠り所とすべき重要な内容となっている．

■参考文献
1) 小林真一：臨床試験における倫理的な考え方．創薬育薬医療スタッフのための臨床試験テキストブック〔中野重行（監），小林真一，山田浩，井部俊子（編）〕，pp. 25-28，メディカル・パブリケーションズ，2009
2) Cummings SR, et al : Study designs. Designing Clinical Research, 4th ed（editted by Hulley SB, et al），pp. 137-170, Lippincott Williams & Wilkins, 2013
3) 山田浩：臨床研究の基礎知識．日本臨床薬理学会認定CRC試験 対策講座，pp. 25-41，メディカル・パブリケーションズ，2009
4) 大門貴志：生物統計学．創薬育薬医療スタッフのための臨床試験テキストブック〔中野重行（監），小林真一，山田浩，井部俊子（編）〕，pp. 269-275，メディカル・パブリケーションズ，2009
5) 山田浩：ランダム化比較試験を計画する；臨床研究と論文作成のコツ〔松原茂樹（編）〕，pp. 253-262，東京医学社，2011
6) CONSORT Statement
　　http://www.consort-statement.org/
7) Jadad AR, et al : Assessing the quality of reports of randomized clinical trials : is blinding necessary?. Control Clin Trials 17（1）:1-12, 1996
8) ACP Journal Club 150（2）: JC2-2, 2009
9) PRISMA
　　http://www.prisma-statement.org/usage.htm

問題と解答

問題 1. クロスオーバー試験に関する記述で正しいのはどれか。2つ選べ。

a) 並行群間比較試験に比べ，症例数が少なく済む。
b) 服用時期の効果と薬物の交互作用を考慮する必要がない。
c) 持ち越し効果を考慮する必要がない。
d) 中途脱落しやすい。
e) 被験者間での比較が原則である。

解答　a, d

クロスオーバー試験は並行群間比較試験と比べ，症例数が少なく済む。クロスオーバーすることで，時期効果，薬物との交互作用，持ち越し効果を考慮しなければならない。試験期間は長くなり，中途脱落しやすい。比較は被験者間（個体間）だけでなく，被験者内（個体内）でも行う。

問題 2. 健康食品 A の摂取による体脂肪改善効果を検討するランダム化比較試験の結果が原著論文として複数報告されているが，結果が一貫していない。正しい判断のために最も重視すべきものはどれか。2つ選べ。

a) 最も効果が大きかった研究の結果
b) インターネットに掲載された結果
c) メタアナリシスの結果
d) 一番新しい研究の結果
e) placebo を用いた比較試験の結果

解答　c, e

最も重視すべき信頼性ある結果を示すのは，ランダム化比較試験と，それを統合したメタアナリシスである。

問題3. メタアナリシスにおいて，統合された研究の heterogeneity の検定に用いられるのはどれか。<u>2つ選べ</u>。

a）I 統計量（Higgins I^2 統計量）
b）Mann-Whitney's U test
c）Student's t test
d）Cochran's Q test
e）Simple exact test

解答　a, d

メタアナリシスにおいて，統合された研究の heterogeneity の検定に用いられるのは，Higgins I^2 統計量と Cochran's Q test である。

第2章●応用編

7. 生物統計家から見た臨床開発におけるデータマネジメント／統計解析

KEY WORD GCP, 試験デザイン, 臨床試験のための統計的原則, バイアス, ランダム化, 治験実施計画書, EDC, データ標準, 総括報告書, コモン・テクニカル・ドキュメント

1. はじめに

医薬品の臨床開発段階では患者を対象とした臨床試験を実施して，新医薬品候補の安全性と有効性の成績を収集，評価，通常は複数の臨床試験の成績を統合した資料が提出され，

表1. 臨床試験の種類

試験の種類	試験の目的	試験の例
臨床薬理試験	● 忍容性評価・薬物動態，薬力学的検討 ● 薬理活性の推測	● 忍容性試験・単回および反復投与の薬物動態，薬力学試験 ● 薬物相互作用試験
探索的試験	● 目標効能に対する探索的使用 ● 次の試験のための用法用量の推測 ● 検証的試験のデザイン，エンドポイント，方法論の根拠を得ること	● 比較的短期間の，明確に定義された限られた患者集団を対象にした代替もしくは薬理学的エンドポイントまたは臨床上の指標を用いた初期の試験 ● 用量反応探索試験
検証的試験	● 有効性の証明／確認・安全性プロファイルの確立・承認取得を支持するリスクベネフィット関係評価のための十分な根拠を得ること ● 用量反応関係の確立	● 有効性確立のための適切でよく管理された比較試験 ● 無作為化並行用量反応試験 ● 安全性試験 ● 死亡率／罹病率をエンドポイントにする試験 ● 大規模臨床試験・比較試験
治療的使用	● 一般的な患者または特殊な患者集団および（または）環境におけるリスクベネフィットの関係についての理解をより確実にすること ● より出現頻度の低い副作用の検出・用法用量をより確実にすること	● 有効性比較試験 ● 死亡率／罹病率をエンドポイントにする試験 ● 付加的なエンドポイントの試験 ● 大規模臨床試験 ● 医療経済学的試験

臨床試験の一般指針より

規制当局の承認審査を受け，承認取得に至る。

「**臨床試験の一般指針**」ガイドライン[1]では臨床試験を臨床薬理試験，探索的試験，検証的試験，治療的使用の4種類に分類し，目的別に整理，例を示している（**表1**）。新医薬品承認申請を目的に，「**医薬品の臨床試験の実施の基準に関する省令**」（good clinical practice, **GCP**[2]）（以下，「GCP省令」）のもとで実施される臨床試験を特に「治験」と呼ぶ。

2. 統計解析担当者の役割

統計解析担当者の役割は，試験の目的に適合した評価方法・変数，**試験デザイン**と統計手法，サンプルサイズ（目標症例数）の設定を含む臨床試験全般に関わる統計的事項を適切に設定，運用，報告することである。

臨床試験は「**臨床試験のための統計的原則**」ガイドライン[3]に基づき，統計的な妥当性を持って計画・立案・実施する必要がある（**表2**）。本ガイドラインは臨床試験から得

表2．臨床試験のための統計的原則の構成

I．はじめに	IV．試験実施上で考慮すべきこと
1.1 背景と目的	4.1 治験モニタリングと中間解析
1.2 適用範囲と方向性	4.2 選択基準と除外基準の変更
II．臨床開発全体を通して考慮すべきこと	4.3 集積率
2.1 試験の性格	4.4 必要な被験者数の調整
2.1.1 開発計画	4.5 中間解析と早期中止
2.1.2 検証的試験	4.6 独立データモニタリング委員会の役割
2.1.3 探索的試験	V．データ解析上で考慮すべきこと
2.2 試験で扱う範囲	5.1 解析の事前明記
2.2.1 対象集団	5.2 解析対象集団
2.2.2 主要変数と副次変数	5.2.1 最大の解析対象集団
2.2.3 合成変数	5.2.2 治験実施計画書に適合した対象集団
2.2.4 総合評価変数	5.2.3 二つの異なる解析対象集団の役割
2.2.5 複数の主要変数	5.3 欠測値と外れ値
2.2.6 代替変数	5.4 データ変換
2.2.7 カテゴリ化した変数	5.5 推定，信頼区間及び仮説検定
2.3 偏りを回避するための計画上の技法	5.6 有意水準と信頼水準の調整
2.3.1 盲検化	5.7 部分集団，交互作用及び共変量
2.3.2 ランダム化（無作為化）	5.8 データの完全性の維持とコンピュータソフトウェアの妥当性
III．試験計画上で考慮すべきこと	VI．安全性及び忍容性評価
3.1 試験計画の構成	6.1 評価の範囲
3.1.1 並行群間比較計画	6.2 変数の選択とデータ収集
3.1.2 クロスオーバー計画	6.3 評価される被験者集団とデータの提示
3.1.3 要因計画	6.4 統計的評価
3.2 多施設共同治験	6.5 統合した要約
3.3 比較の型式	VII．報告
3.3.1 優越性を示すための試験	7.1 評価と報告
3.3.2 同等性又は非劣性を示すための試験	7.2 臨床データベースの要約
3.3.3 用量-反応関係を示すための試験	7.2.1 有効性データ
3.4 逐次群計画	7.2.2 安全性データ
3.5 必要な被験者数	用語集
3.6 データの獲得と処理	

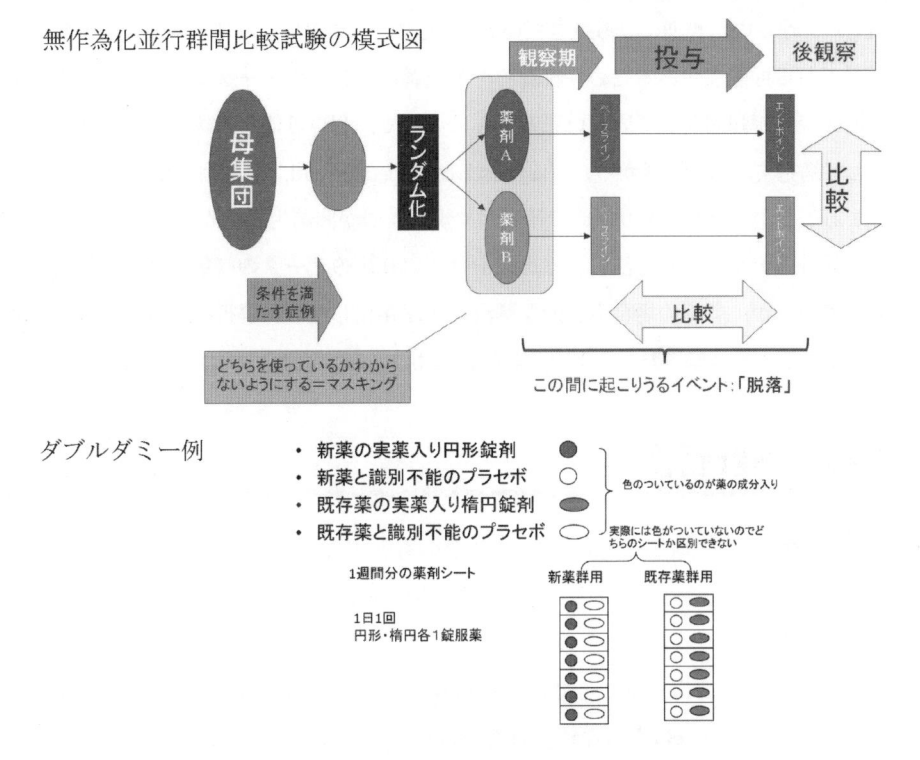

図1. 無作為化並行群間比較試験

られる結果の**偏り（バイアス）を最小**にし，**精度を最大**にすることを目標としている。

バイアスとは，データから得られる推定値と真の値との系統的なずれ・偏りを意味する。臨床試験におけるバイアスへの対処として，処置方法の選択を**ランダム化**したり，比較したい治療法・試験薬剤のうちどちらを使っているかわからないよう**マスク化（ブラインド化，盲検化）**を行うことが多い。

開発段階で実施される典型的な試験として，無作為化並行群間比較試験がある（図1）。これは，治療薬剤をランダムに患者さんに割り付け（ランダム化），組み入れや評価のバイアスを最小とする目的の試験デザインである。効果に影響する可能性のある因子ごとにランダム化し，統計的な調整を行うことも多い（層別割り付け，共変量による調整）が，未知の因子についてもランダム化されることは大きなベネフィットである。また，新薬と標準薬の比較に際してそれぞれの識別不能プラセボを用意し組み合わせて投与する「ダブルダミー法」を用いることも多い。これは，医師・患者さん・治験依頼者を含む関係者がどちらの薬剤を使っているか判別できなくすることにより，思い込みや意図的なバイアスを排除するために行われる。

臨床試験では，所与の投与期間において所与の時点で有効性の評価指標を経時的に観測することが少なくない。そして，投与期間の最終時点データに基づき治療の薬剤間の比較を行う。しかしながら，投与期間中に，効果不十分や有害事象発現などの理由で投与を打ち切る場合がある（従来「脱落」という呼び方がされてきたが，不完全データあるいは欠測デー

タ（missing）と呼ぶのが普通になってきている）。欠測データが生じる理由は何らかの薬剤の作用の影響である可能性があるため，統計解析担当者はこれらのデータを注意して扱う必要がある。最終時点が観測されていない患者さんについて，利用可能な最終の値を最終時点の観測値として補完する場合も多かった（last observed carried forward, LOCF）が，これはバイアスを誘導することが知られており，昨今研究者や規制当局が問題視し始めている。そのため，さまざまな統計モデルによる方法による比較や打ち切り後のデータの収集などへの対策が検討されてきているが，多くの場合本質的な解決方法は存在しない。解析担当者には新しい潮流も把握して柔軟・緻密に考察し，実際の試験に適用する能力も問われ始めている。

3. 治験実施計画書

「**治験実施計画書**」（プロトコル）はGCP省令のもとで実施される臨床試験の計画書であり，実施手順・試験スケジュール，報告手順や方法を記載した詳細な文書である。治験実施計画書の検討段階で最も重要なのは，早い段階で**リサーチ・クエスチョン**を明確にして関係者と共有し，文書化することである。治験実施計画書は治験の最重要文書であり，試験実施前に作成しなければならない。重要な事項はすべて事前に定義しておくという考え方（事前定義主義）で作成・運用し，変更履歴管理を行う。治験実施計画書の構成と内容は総括報告書ガイドラインで規定されている。統計解析の技術的事項を含む詳細な文書は「統計解析計画書」として別途作成する。

統計解析担当者は開発チームの一員として治験実施計画書を検討，作成する（通常は著者として含まれる）。リサーチ・クエスチョン，評価方法，評価項目の設定（主要変数，副次変数），試験デザイン，解析対象集団といった計画の根幹となるものはチームの協力のもとで検討，決定する。そのため，統計担当者には開発品目の薬剤に関する知識，疾患に関する知識が必要であり，統計的な事項をわかりやすく説明し，チームメンバーの理解を得るための解りやすい説明と，議論をする能力も必要である。

評価項目を設定するとき，事前情報としてその変数（変化量など）の平均値とばらつきなどの推定値，解析対象集団の特性などを収集・評価し，期待する反応の大きさとばらつきを想定する。適用する統計手法に応じ，**サンプルサイズ**の推定・検出力の評価を行い，効果を証明するために必要となる目標症例数を試算する。情報の偏りも十分に考慮に入れなければ，期待する成績と実際の成績が大きく異なる可能性が高くなるため，慎重な事前検討と評価が必要となる。得られた情報からさまざまな条件を想定し，コンピュータを用いたシミュレーションを行う場合も多い。

試験の早期中止や試験デザインの変更の判断を伴う試験デザインが増えつつあり，盲検解除（ランダム化のキーを開ける；unblinding）を伴う中間解析を行うこととなる。この場合，治験の当事者に対する盲検性を維持するため，統計解析の実施を第三者機関に委託するこ

とが通例である。統計解析担当者は，統計的検討を中間解析と最終解析など複数回実施することに伴う多重性への対処に加え，データの固定手順・範囲や受け渡し手順，組織・体制，判断基準や留意点の検討にも加わり，治験実施計画書の詳細な記載の責務を負う。昨今複雑な統計解析手順の必要な場合も多く，統計解析担当者の役割と責任はますます大きくなっている。

新しい領域の薬剤について，試験デザイン，評価変数の設定や中間解析など，統計解析担当者の関与する局面は多岐に渡り，計画段階や審査段階で規制当局の専門官と直接協議を行うことも多くなっている。米国やヨーロッパでの状況なども含めた議論の機会も増えており，広い活動範囲に加えて高い情報収集能力と英語によるコミュニケーション能力も必要となりつつある。

4. データマネジメントの役割

データマネジメントの役割は，データベースの設定・運用・管理，収集するデータの管

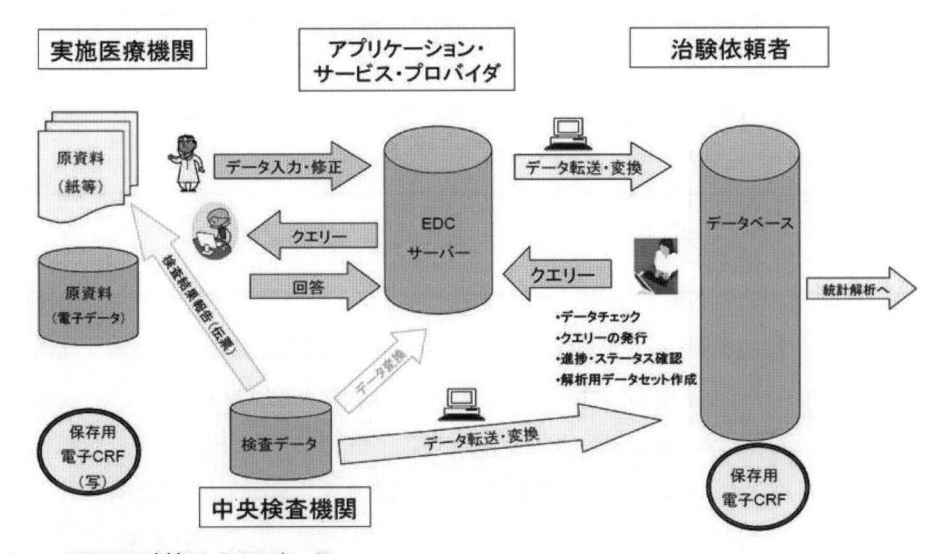

- EDC の対象となるデータ
  - 治験責任医師・治験分担医師・治験協力者により直接入力されるもの
  - 中央検査データ、機器から直接取得されるデータ（ECG 等）
- EDC に用いるコンピュータシステム
  - 実施医療機関・治験依頼者はネットワーク経由でアクセス
- 業務分担
  - 実施医療機関、アプリケーションサービスプロバイダ（協力会社）、治験依頼者、中央検査機関

「臨床試験データの電子的取得に関するガイダンス」より

図2．EDCにおけるデータの流れ例

理および内容の不整合の解決（データクリーニング）を行い，正確なデータを統計解析担当者に受け渡すことである．以前は，医療機関で紙の**症例報告書**（以下，「**CRF**」）に手書きで記入したものをデータマネジメントの入力担当者が入力してきたが，近年ではインターネットを利用し，ウェブブラウザ上で動くシステムに医療機関でデータを入力する方法（electronic data capture，**EDC**）が主流となりつつある．EDCにおけるデータの流れの例を**図2**に示す[4]．

治験実施計画書に含まれる，評価・収集するデータの項目および評価のタイミング・スケジュールは，データベースの構造やCRF（紙およびEDC）のデザインに直接関係する．データマネジメント担当者はデータ項目とスケジュールについて次に述べる**データ標準**に適合できるかなど，計画立案と並行して検討する．

EDCシステム選定やベンダーとの協議なども早い段階から始める必要がある．多くのEDC製品はアプリケーションサービスという形態で提供され，専用のコンピュータシステムを治験依頼者（製薬企業）に物理的に導入するものではない．数年にわたりスムーズに利用するためには綿密な準備と組織体制が必要となる．

データベースの定義書やEDCシステムに関連する文書は，治験実施計画書とは独立して準備する（収集する項目，スケジュールは治験実施計画書で定義している）．また，得られるデータの品質を保証するために**コンピュータシステムバリデーション**（computer system validation，**CSV**）を行うが，CSVの手順書や記録，結果報告など多くの種類の文書を作成・管理する必要がある．

5. データ標準

近年，データの標準化の必要性・重要性が注目され，医薬品業界では新医薬品開発段階のデータの標準化を推進しつつある〔臨床データ交換標準コンソーシアム（clinical data interchange standards consortium）／以下，「**CDISC**」〕[5]．データベースのテーブル名，カラム（項目）名や属性を標準化し，規制当局や開発業務受託機関，共同開発等に伴うデータの受け渡し，データ再利用をスムーズに行うことにより，それぞれの業務を円滑に行うことが目的である．データ標準を採用することにより，臨床試験のデータを格納するデータベース設定や入力システムの準備，入力項目間の不整合確認を含むデータクリーニングやデータモニタリングの準備が効率化できる．たとえばEDCのセットアップの際は，データベースのテーブル，カラム名や属性，コードリストや参照するシソーラスなど標準のものを再利用することにより追加変更は最少とし，データを入力する画面や制御システムも極力再利用する．データベースが標準化できればデータクリーニングのツールや手順も標準に従うことができ，統計解析に用いるデータ内容の信頼性が高まり，最終的には臨床試験の結果そのものの信頼性が高まる．

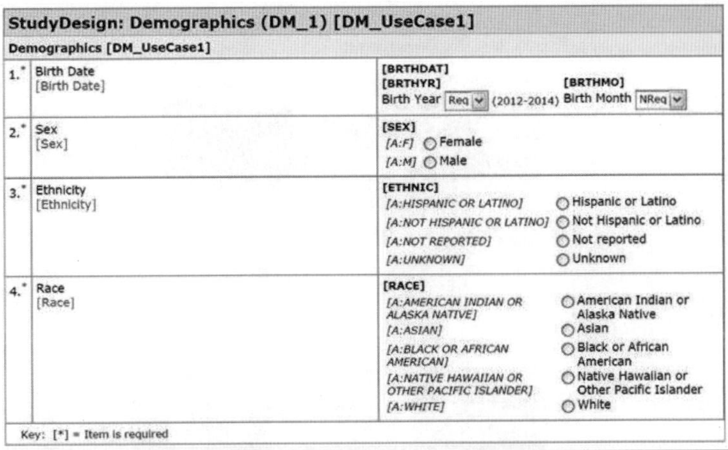

```
StudyDesign: Demographics (DM_1) [DM_UseCase1]
Demographics [DM_UseCase1]
1.* Birth Date          [BRTHDAT]
    [Birth Date]        [BRTHYR]                    [BRTHMO]
                        Birth Year [Req ▼] (2012-2014) Birth Month [NReq ▼]
2.* Sex                 [SEX]
    [Sex]               [A:F] ○ Female
                        [A:M] ○ Male
3.  Ethnicity           [ETHNIC]
    [Ethnicity]         [A:HISPANIC OR LATINO]         ○ Hispanic or Latino
                        [A:NOT HISPANIC OR LATINO]     ○ Not Hispanic or Latino
                        [A:NOT REPORTED]               ○ Not reported
                        [A:UNKNOWN]                    ○ Unknown
4.* Race                [RACE]
    [Race]              [A:AMERICAN INDIAN OR          ○ American Indian or
                         ALASKA NATIVE]                  Alaska Native
                        [A:ASIAN]                      ○ Asian
                        [A:BLACK OR AFRICAN            ○ Black or African
                         AMERICAN]                       American
                        [A:NATIVE HAWAIIAN OR          ○ Native Hawaiian or
                         OTHER PACIFIC ISLANDER]         Other Pacific Islander
                        [A:WHITE]                      ○ White
Key: [*] = Item is required
```

Row	SUBJID	BRTHYR	BRTHMO	SEX	ETHNIC	RACE
1	100008	1930	Aug	M	NOT HISPANIC OR LATINO	ASIAN
2	100014	1936	Nov	F	HISPANIC OR LATINO	AMERICAN INDIAN OR ALASKA NATIVE
3	200001	1923	Sep	M	HISPANIC OR LATINO	WHITE
4	200002	1933	Jul	F	NOT HISPANIC OR LATINO	BLACK OR AFRICAN AMERICAN
5	200005	1937	Feb	M	NOT HISPANIC OR LATINO	WHITE

CDASH User Guide V1-1.1 Library of Example CRFs より

図3．CDISC 標準に基づく EDC 画面イメージとデータ例

　一方，世界的に新薬承認審査にあたって審査の効率化を進めるために，申請企業から審査当局に CDISC 標準に準拠した臨床試験データの提出を行う方向で現在準備が進んでいる（日本では 2016 年 10 月 1 日より受付開始予定）[6]。そのためにも，標準化の推進は新医薬品開発を行う製薬会社にとって極めて重要なこととなっている。審査側としては，審査の効率化が主な目的であるが，もう一つの側面として，たとえば同じクラスの薬剤の情報を蓄積することで新たな薬剤反応などのモデルを構築しシミュレーションを行うなど，次の世代の医薬品開発に役立てるためのデータ再利用についても考えられている。

　CDISC 標準に基づく EDC 画面のイメージとデータ例を図 3 に示す。

　データの標準化は人口動態データや安全性関係の情報を中心として検討が進んできているが，有効性についての情報は疾患・薬剤ごとに異なる面も多く，標準化に時間がかかっているが，精力的に開発が進められている。また，バイオマーカーの利用など新しい評価項目の導入も進んできているため，疾患領域や開発品目の新規性に応じてさらに検討が必要な点も多く，さらに，国際共同治験を利用した世界同時開発や複雑な試験デザインが多くなってきたことから，データマネジメント担当者はより広範囲の関係者と協力して検討を進める必要に迫られている。

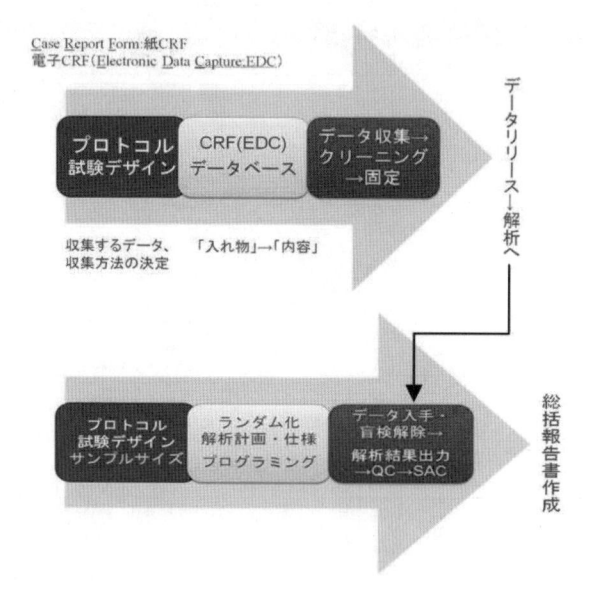

図4. データマネジメントと統計解析のプロセス

6. データマネジメントと統計解析のプロセス

　データマネジメントと統計解析の業務は時間的にはほぼ重なっており，スムーズな連携が必要となる（図4）。
　統計解析担当者はデータマネジメントから受け取ったデータにランダム化情報や層別に用いられる因子など，解析上よく使う変数を付加して解析用データセットを作成する。これらも CDISC 標準が開発されつつあり，標準的な解析ツール・プログラムを適用することにより効率的に作表，統計解析が容易となるよう整備が進んできている。

7. 総括報告書作成

　個々の臨床試験の概要と成績をまとめたものは「**総括報告書**」と呼ばれる。総括報告書の構成と内容はガイドラインで規定されており[7]，専門家（メディカルライター）が作成する場合が多い。統計解析の結果は独立した「解析報告書」として統計解析担当者が著者として作成する場合もあったが，現在では総括報告書で報告書は一本化されるケースが増えているようである。

8. コモン・テクニカル・ドキュメント

　開発段階での品質データ，非臨床データと臨床データを統合して承認審査のための資料〔コモン・テクニカル・ドキュメント（common technical document）／以下，「CTD」〕を取りまとめる。CTD の構成と内容もガイドラインで規定されており[8]，ここでもメディ

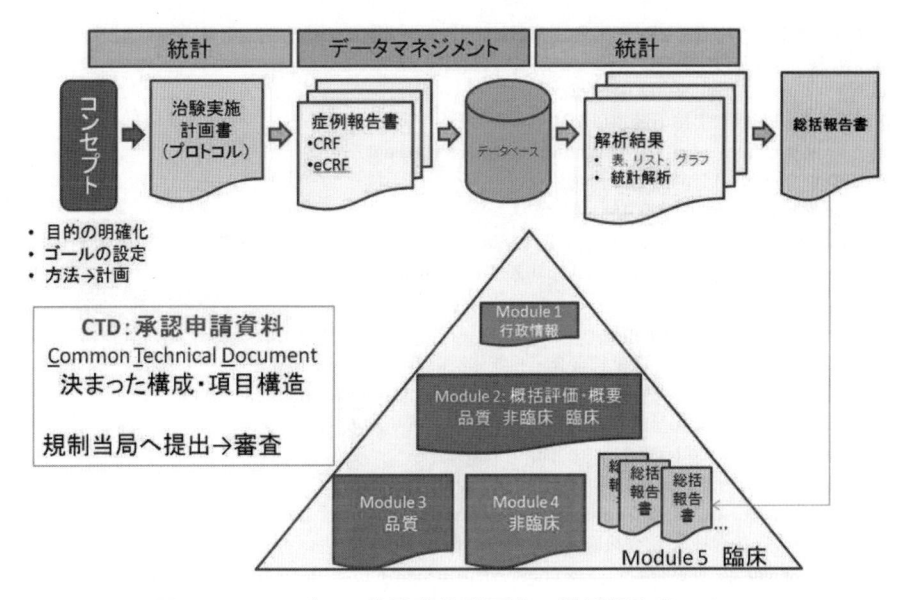

図5. コンセプト～治験実施計画書～総括報告書～ CTD

カルライターが重要な役割を持つ．統計解析担当者はメディカルライターが作成した総括報告書の内容やCTDへの記載内容についてのレビューを行い，必要に応じて適切なアドバイスを行う．開発のコンセプトからCTDまでの流れを図5に示す．

　CTDは審査当局における新薬承認申請の審査での主要な評価資料であり，日本では承認後にその電子ファイルが審査報告書とともに医薬品医療機器総合機構のウェブページで公開される[9]．

　臨床試験の目的は，新医薬品に有効性のあることの証明，安全性上の特徴，臨床現場での使用にあたって参考となる情報を得ることである．申請する企業はこれらの情報を得られた試験成績をもとに整理，見解をCTDに記載する．臨床試験については，国内外で実施された治験をもとに安全性，用量反応関係，用法・用量，検証された成績，および新薬の位置づけなどが要約される．開発の計画段階においては，個々の治験の計画段階で，CTDおよび最終的には添付文書で，対象疾患に対する治療情報をエビデンスに基づき示すためのシナリオ検討，ゴールの設定が必要となる．各治験実施計画書の計画立案に参加するメンバーの一人として，統計解析担当者はゴールを見据え，広い視野と高い科学性と倫理性を持つ必要があるといえるだろう．

■参考文献（最終アクセス：2015 年 9 月 2 日）
1）臨床試験の一般指針（1998）
　　http://www.pmda.go.jp/files/000156372.pdf
2）医薬品の臨床試験の実施の基準に関する省令
　　https://www.pmda.go.jp/int-activities/int-harmony/ich/0028.html
3）臨床試験のための統計的原則（1998）
　　http://www.pmda.go.jp/files/000156112.pdf
4）日本製薬工業協会 医薬品評価委員会 臨床試験データの電子的取得に関するガイダンス（2007）
　　http://www.jpma.or.jp/about/basis/guide/pdf/20071101guidance.pdf
5）CDISC J3C
　　http://www.cdisc.org/j3c-jp-language
6）医薬品医療機器総合機構「次世代審査・相談体制について（申請時電子データ提出）」
　　https://www.pmda.go.jp/review-services/drug-reviews/about-reviews/p-drugs/0003.html
7）治験の総括報告書の構成と内容に関するガイドライン（1996）
　　https://www.pmda.go.jp/files/000156923.pdf
8）ICH-M4 CTD（コモン・テクニカル・ドキュメント）
　　https://www.pmda.go.jp/int-activities/int-harmony/ich/0035.html
9）医薬品医療機器総合機構 審査報告書・申請資料概要
　　https://www.pmda.go.jp/review-services/drug-reviews/review-information/p-drugs/0020.html

問題と解答

問題 1.（　）内に適切な用語を記入せよ。

　無作為化並行群間比較試験とは臨床試験における（　イ　）への対処の方法として（　ロ　）と（　ハ　）を適用したものである

解答

イ）バイアスまたは偏り

ロ）ランダム化

ハ）マスク化またはブラインド化または盲検化

薬剤効果・安全性の評価にあたり，何らかの因子がバイアスとならないよう投与する薬剤をランダムに決め，また，使用する薬剤を識別できないようにする（マスク化）ことにより試験の実施・評価への影響を小さくする。

問題2. データ標準導入で期待することを次から <u>4つ</u>選べ。

   a）コストダウン
   b）効率化
   c）データ再利用
   d）信頼性向上
   e）不完全データ対策

解答　a, b, c, d

標準的なデータベース，コンピュータプログラムなどを使用することにより，作業の効率化・データの信頼性向上が期待でき，最終的にはコストダウンにつながる。さまざまな立場で同じ標準を導入することにより，データの再利用が促進される。不完全データはデータの内容の問題であるため，データモニタリングでの対処を決めておく必要がある。

問題3. 次の選択肢から治験実施計画書に<u>記載しないもの</u>を1つ選べ。

   a）試験の目的
   b）何が達成できたらこの試験は成功したといえるか
   c）対象患者の条件
   d）評価項目・方法
   e）統計解析手法
   f）データベース定義
   g）組織・体制

解答　f

統計解析方法の詳細やデータベースの構造や参照するテーブルなどの技術的文書は別文書として作成する（「統計解析計画書」など）。

第2章 ● 応用編

8. モニタリングの実際

KEY WORD モニター（CRA），原資料，必須文書，症例報告書，直接閲覧，有害事象，EDC，リモートSDV，ランダムSDV，RBM

1. モニタリングの定義[1]

　最近，医薬品・医療機器の製造販売承認の取得を目的とした「治験」だけでなく，自主臨床試験においてもモニタリングが課せられるようになってきた。治験以外の医学系研究については，「人を対象とする医学系研究に関する倫理指針」（2014年12月22日公布）においてモニター業務等が規定されているが，両者の内容は，治験依頼者の有無こそあれ基本的な相違はない。そのため，ここでは治験におけるモニタリングの定義について述べる（自主臨床試験の場合は，"治験"を"臨床試験"と読み替えて解釈する）。

　モニタリングとは，医薬品の臨床試験の実施の基準に関する省令（good clinical practice, GCP）（以下，「GCP省令」）の第2条16項および第21条において，"治験が適正に行われることを確保するために，治験の進捗状況ならびに治験がGCP省令および治験実施計画書に従って行われているかどうかについて治験依頼者が行う調査"とされており，治験依頼者によって指名された**モニター（clinical research associate, CRA）**（以下，「CRA」）により行われる。CRAが適切なモニタリング活動を行うことで，治験依頼者は治験データの品質を管理し，信頼性を確保する。

1-1. モニタリングの目的

　GCP省令にはモニタリングの目的や範囲，方法が明記されており，すべての治験実施施設に対し，治験前・中・後を通じて行われる。主に次の事項の確認を目的とし，治験データの品質を管理する。

(1) 被験者の人権，安全および福祉が保護されていること。
(2) 治験が最新の治験実施計画書，「医薬品，医療機器等の品質，有効性及び安全性の確保等に関する法律（旧薬事法）」およびGCP省令を遵守して実施されていること。

（3）治験責任医師または治験分担医師から報告された治験データ等が正確かつ完全で，**原資料**等の治験関連記録に照らして検証できることを確認すること。

1-2．CRAとは

　治験依頼者は，モニタリングを実施する者を「CRA」として指名する．CRAは，治験を十分にモニタリングするために必要な科学的および臨床的知識を得るため，治験依頼者から適切な訓練を受ける．

　また，治験依頼者はCRAの要件を文書で定めておく必要があり，CRAが有すべき資質，技術等を次のように具体的に定めている．

（1）治験に関する一般的知識（倫理的原則，治験とは何か，治験の流れと手順，**必須文書**について等）を有している．
（2）「医薬品，医療機器等の品質，有効性及び安全性の確保等に関する法律（旧薬事法）」，GCP省令等の規制要件を理解し，遵守できる．
（3）治験に関する情報はもとより，被験者のプライバシーに関する機密を保全できる．
（4）治験依頼者の定めたモニタリング手順書を遵守し，モニタリングした内容を正確に記録に残し，報告することができる．
（5）治験責任医師をはじめとした治験実施施設のスタッフと円滑なコミュニケーションをとり，治験薬の安全性，有効性等に関する正確な情報交換ができる．
（6）担当する治験に関する情報〔治験実施計画書，**症例報告書**（case report form, CRF）（以下，「CRF」），治験薬概要書，治験薬管理手順書等〕を熟知し，治験責任医師等治験実施施設のスタッフに説明することができる．
（7）医学，薬学，看護学，臨床検査学等を中心とする自然科学系の基礎的知識を有する．

1-3．モニタリングの必要性

　医薬品を製造販売するためには規制当局の承認許可が必要であり，申請者（治験依頼者）は信頼性が保証された審査資料を提出しなければならない．

　医薬品，医療機器等の品質，有効性および安全性の確保等に関する法律（旧薬事法）第14条第3項には，「医薬品の承認を受けようとする者は，厚生労働省令で定めるところにより，申請書に臨床試験の試験成績に関する資料その他の資料を添付して申請しなければならない．この場合において，当該申請に係る医薬品が厚生労働省令で定める医薬品であるときは，当該資料は，厚生労働省令で定める基準に従って収集され，かつ，作成されたものでなければならない」と規定されている．なお，提出される種々の審査資料のうち，ヒトでの有効性・安全性に関する治験データは，申請者（治験依頼者）ではなく治験実施施設において得られるものである．したがって，治験実施施設における厚生労働省令（特にGCP省令）の遵守は極めて重要である．

GCP 省令では，治験における被験者の人権保護，安全の保持および福祉の向上とともに，治験の科学的な質と成績の信頼性の確保を求めている。また，治験は科学的に検討された適正な計画に基づき，かつ治験に参加する被験者への倫理的配慮がなされた上で実施され，得られた情報は正確な解釈および検証が可能になるように記録され，取り扱われ，保存されなければならないとされている。治験実施施設から報告されたデータは，申請者（治験依頼者）において集計ならびに統計解析が行われ，審査資料となる治験総括報告書（clinical study report, CSR）としてその成績がまとめられる。

　CRA は治験依頼者の代表として，担当施設を適切にモニタリングすることで，治験総括報告書の元となるデータの信頼性を確保し，治験実施施設で適切に治験が実施されているかどうかを確認しなければならない。

2. モニタリングの実際

モニタリングは治験の実施時期から，大きく分けて次の 3 つの段階により行われる。

治験実施前
a）選定調査
b）治験実施計画書等についての合意
c）治験審査委員会での承認と治験実施施設の長の了承
d）契約締結
e）治験薬の搬入
f）治験説明会

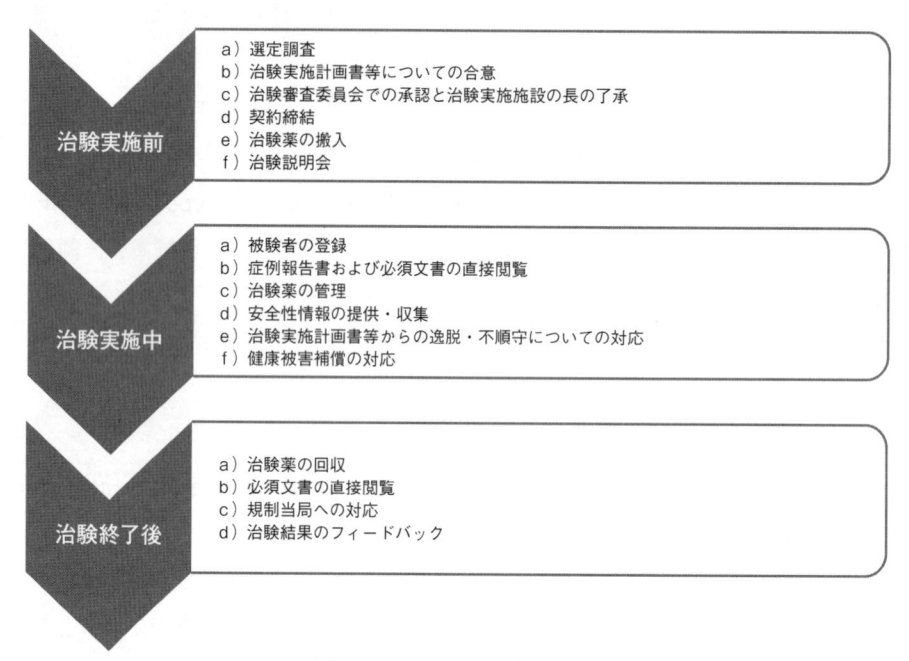

治験実施中
a）被験者の登録
b）症例報告書および必須文書の直接閲覧
c）治験薬の管理
d）安全性情報の提供・収集
e）治験実施計画書等からの逸脱・不順守についての対応
f）健康被害補償の対応

治験終了後
a）治験薬の回収
b）必須文書の直接閲覧
c）規制当局への対応
d）治験結果のフィードバック

図 1. モニタリングの流れ

2-1. 治験実施前

2-1-1. 選定調査（治験責任医師・治験実施施設）

　治験実施計画書の骨子が完成した段階で，CRA は治験の打診のため，治験責任医師候補となる医師を訪問し，治験の概要を説明する。医師がその治験に意欲を示し，対象患者も見込まれ，CRA が当該施設で治験の実施可能性有と判断すると，治験責任医師および

治験実施施設の選定調査を行う。これは，治験責任医師候補の医師の治験経験や臨床経験等をもとに，治験責任医師として治験を実施可能か，そして，実施予定施設の設備や治験審査委員会（institutional review board, IRB）（以下，「IRB」）の情報をもとに，治験実施施設として適切か，を調査するものである。

なお，近年の大規模臨床試験では，治験施設支援機関（site management organization, SMO）が前段階として実施可能性調査を行い，治験依頼者はその結果をもとに訪問先を決定する場合も多い。また，治験データを得るための検査機器について，適切な精度管理が行われているかどうかも重要な調査項目になっている。

2-1-2. 治験実施計画書等についての合意

CRAによる選定調査の結果をもとに，治験依頼者内で治験責任医師および治験実施施設としてそれぞれ「適」と判断されれば，治験責任医師と治験実施計画書等について合意書を取り交わす。この合意書は，治験依頼者の代表者と治験責任医師の間で取り交わされるものである。

2-1-3. IRBでの承認と治験実施施設の長の了承

合意書を取り交わした後，IRBにて治験実施の可否について審議するため，CRAは治験に関する資料をまとめ，提出する。この中には，被験者に対して治験の内容を説明するための説明文書・同意文書も含まれる。説明文書・同意文書は，GCP省令で必要とされる内容を網羅した治験依頼者が作成する案をもとに，治験責任医師が作成するものである。

2-1-4. 契約締結

IRBで承認された後，医療機関の長の了承を得て治験契約を締結する。契約書には，GCP省令で必須とされている事項と当該治験に関する情報だけでなく，研究結果の帰属や各治験依頼者独自の項目等，多岐にわたる条項が含まれており，CRAは細心の注意を払って内容を確認しなければならない。中でも，治験依頼者が負担する費用については，保険外併用療養費制度を踏まえ，契約締結前に治験責任医師・治験事務局等と詳細に協議しておく必要がある。

2-1-5. 治験薬の搬入

治験契約締結後，CRAは治験薬を搬入する。以前はCRA自身が治験薬を搬入していたが，旧薬事法およびGCP省令の改訂や，厳密な温度管理が必要な治験薬が多くなったことにより，CRAを介さず，治験依頼者の倉庫から運搬業者が直接治験実施施設に搬入することが増えている。

2-1-6. 治験説明会

CRA は治験責任医師，治験分担医師，臨床研究コーディネーター（clinical research coordinator，CRC）等のみならず，薬剤部や臨床検査部，医事課スタッフ等，関連部署のスタッフに対して，実施する治験の説明会を行う（スタートアップミーティングあるいはキックオフミーティング等と呼ばれ，GCP 省令の内容に関するトレーニングも含まれる）。また，治験薬以外に搬入する資材（外注用の検査キットや中央測定用の心電計等）がある場合は，治験開始前にすべて搬入しなければならない。これにより治験準備が完了し，治験が開始される。

2-2. 治験実施中

2-2-1. 被験者の登録

治験実施計画書で規定された適格基準に合致した被験者が登録されているかの確認を行う。適格基準に合致していない被験者が登録されていた場合，治験のデータに極めて大きな影響を与えるため，特に慎重なモニタリングが必要である。

2-2-2. 症例報告書（CRF）および必須文書の直接閲覧（SDV）

原資料等の治験関連記録のデータが適切に CRF に報告されているか，必須文書が適切に保管されているか，について**直接閲覧**（source data verification，SDV）（以下，SDV）を行う。CRF の SDV のタイミングは，治験実施計画書ごとに定められていることが多く，被験者の来院頻度や登録例数により異なる。必須文書の SDV については，年 1 回程度が一般的である。

2-2-3. 治験薬の管理

治験実施期間中，適切に治験薬が保管されているかどうかの確認を行う。特に温度管理は重要で，定期的に定められた温度域で保管されているかどうかを確認しなければならない。

2-2-4. 安全性情報の提供・収集

治験薬に関する新たな安全性情報を，GCP 省令で定められた期限内に治験責任医師および治験実施施設の長に提供し，治験継続の可否，治験実施計画書や説明文書・同意文書の改訂の必要性について，治験責任医師の見解を確認する。また，施設で起こった**有害事象**（adverse event，AE）（以下，「AE」），中でも重篤な有害事象（serious adverse event，SAE）（以下，「SAE」）については，規制当局への報告が必要なため，被験者背景や発現状況，処置や経過等，詳細に確認する。

2-2-5. 治験実施計画書等からの逸脱・不遵守についての対応
　治験実施計画書等からの何らかの逸脱，あるいは治験実施計画書等の不遵守があった場合，治験責任医師を含む治験実施施設のスタッフと，状況や原因について協議し，再発防止策を講じる。

2-2-6. 健康被害補償の対応
　治験薬との因果関係が否定できない SAE が起こった場合等，健康被害補償の対象となった場合，医療費・医療手当等の支給手続きを行う。治験依頼者および保険会社が，発現した事象を適切に評価出来るよう情報収集する必要がある。

2-3. 治験終了後
2-3-1. 治験薬の回収
　搬入した治験薬数と使用済みの治験薬数，回収する未使用の治験薬数の整合性が取れているかを確認し，封印シールを貼る等使用できない状態にして回収する（治験によっては，使用済みの治験薬のシートやボトル等を回収する場合もある）。

2-3-2. 必須文書の SDV
　保管すべき必須文書がすべて作成・保管されているかどうか確認し，治験で定められた期間（治験依頼者により異なるが，3 年あるいは 15 年）確実に保管するよう治験実施施設に依頼する。

2-3-3. 規制当局への対応（実地調査・適合性調査）
　担当施設が規制当局による実地調査の対象施設となった場合，事前準備等必要に応じてサポートを行う。近年，国際共同試験では米国の FDA や欧州の EMA からの日本の治験実施施設の実地調査も行われている。また，治験依頼者で行われる適合性調査時には，担当施設の状況について，査察官からの質疑応答を行う。

2-3-4. 治験結果のフィードバック
　最終的な治験結果について，治験責任医師および治験実施施設のスタッフに対し，フィードバックを行う。

3. 最近のモニタリングの動向

　これまでモニタリングの定義および実際について述べてきたが，ここからは最近のモニタリングの動向，特に SDV について述べる。SDV はモニタリング業務の大半を占めるも

のであり，これをより効率的に実施できれば，世界で最も高いといわれる日本の治験のコストを抑えることにつながる．

3-1．ALCOA の原則

近年，国際共同試験が増加し，海外と同時に申請されることが増えてきた．それにより，海外での申請（各国の規制要件）にも対応できる global 標準が原資料に求められるようになってきた．日米 EU で医薬品規制の調和が図られた ICH-GCP では，治験責任医師の責務として，原資料と矛盾のない CRF の作成と，原資料と矛盾がある場合は説明が必要であること，また，CRA の責務として，治験実施施設において正確かつ完全な原資料が作成されていることを確認することを定めている．つまり，試験中に起こったすべての事実・結果・判断について，CRA の記録ではなく"医療機関で被験者の経過が追える記録（原資料）"が必要となる．その原資料に求められる要件が「ALCOA の原則」と呼ばれ，表1のようなそれぞれの単語の頭文字を取ったものである．治験開始前に，治験依頼者と治験実施施設において何を原資料とするのかを十分に協議し，当該原則に則った原資料を整備していく必要がある．

表1．ALCOA の原則

Attributable	帰属/責任の所在が明確である
Legible	判読/理解できる
Contemporaneous	同時である
Original	原本である
Accurate	正確である

3-2．EDC の活用

これまで，CRF は複写式の紙媒体が用いられ，原本は治験実施施設で保管，写しを治験依頼者が回収し，その写しをもとに，データの集計および解析が行われてきた．しかし，紙媒体の CRF では，データが記載されてから確認・集計されるまでにタイムラグが生じ，また，原資料から転記する際の記載漏れや記載ミスがあった際，データを追記・修正することにも時間や労力がかかった．それに対し，近年 EDC（electronic data capture）が普及したことにより，パーソナルコンピュータ（PC）を用いて web 上のオンラインシステムでデータの入力・確認・集計することが可能になった．これにより，従来の紙媒体では治験実施施設を訪問するまでデータの記載状況がわからなかったものが，訪問前に記載状況を把握出来，より効率的に訪問することが可能になった．さらにデータの追記・修正に関しても，1枚の同じページで追記・修正できるだけでなく，システム上に修正履歴が残ることにより，いつ，誰が，どのように追記・修正したかを把握できるようになった．ただし，一口に EDC といってもシステムは複数あり，治験依頼者によって異なるシステ

ムを使用しているため，ログインするためのアカウントやパスワードがそれぞれ必要で，治験実施施設のスタッフにとってはその管理が一つの問題となっている。

3-3. リモート SDV

　前述のEDCが普及してきたことに加え，電子カルテを導入している医療機関が増えてきたことから，リモートSDVの対応ができる治験実施施設も増えてきた。これにより，CRAが治験実施施設を訪問することなく，専用の通信回線を通して社内や専用の会議室等でSDVを行うことが可能になった。リモートSDVを導入することにより，治験実施施設の訪問回数やSDVの実施時間を減らすことが可能であり[2]，今後より多くの治験実施施設で対応可能になることが期待される。また，これまで治験実施を敬遠されがちであった遠隔地の医療機関でも，訪問回数を減らせることで，治験を実施できる可能性もある。ただし，個人情報保護やセキュリティの観点から，導入への課題はまだまだ多い。

3-4. ランダム SDV

　これまで，CRAは治験に参加したすべての被験者のすべてのデータについて，SDVを実施してきた。しかし，登録症例数が多い大規模臨床試験等，すべてのデータのSDVを実施するには膨大な時間と労力がかかることが多い。そこで，各治験実施施設において，モニタリング手順書で定めた特定の症例のみ，すべてのデータのSDVを実施し，その他の症例は特定の項目のみ（同意取得日，適格基準，治験薬の投与状況，AE等）SDVを実施する，というランダムSDVの手法が用いられるようになってきた。治験の規模により異なるが，たとえば最初に登録された2例はすべてのデータのSDVを実施し，そこで問題がなければ，その後は5例に1例の割合ですべてのデータのSDVを行う，といった具合である。なお，治験途中で治験実施計画書からの逸脱や不遵守があった場合には，適宜すべてのデータのSDVを実施する。

3-5. RBM

　規制当局はrisk based monitoring（RBM）について，2013年7月1日の医薬食品局審査管理課事務連絡「リスクに基づくモニタリングに関する基本的考え方について」の中で，次のように述べている。「リスクに基づくSDV手法とは，治験の目的に照らしたデータの重要性や被験者の安全確保の観点から，当該治験の品質に及ぼす影響を考慮し，あらかじめ定められた方法に従って抽出したデータ（データ項目に限らず，症例，医師，実施医療機関及び来院時期等も含む。）を対象としてSDVを行う方法をいう」

　これにより，治験依頼者は治験実施計画書作成段階から，リスクとなり得る要因を検討し，そのリスクをon-site monitoring（通常のSDV等施設を訪問して行うモニタリング）やoff-site monitoring（電話やe-mail等を用いて施設を訪問せずに行うモニタリング）を併

用して評価しながら治験を実施するようになってきた。また，central monitoring（EDC等を活用し，施設間や参加各国間での比較，あるいは試験全体の傾向やデータの比較によるモニタリング）も用いる場合もある。それらモニタリングの評価結果に問題がなければ，治験実施施設の訪問は6ヵ月に1度，とモニタリング手順書で定めているような治験もあり，治験実施施設との協力のもと，より効率的かつコストを抑えて治験が実施可能になることが期待される。

■参考文献
1）中野重行，小林真一，山田浩，井部俊子（編）：創薬育薬医療スタッフのための臨床試験テキストブック，pp. 192-196，メディカル・パブリケーションズ，2009
2）山谷明正，井上和紀，望月恭子，森奈海子，笹波和秀，肥田木康彦，安永昇司，北川雅一，榎本有希子，氏原淳：リモートSDVによる治験効率化の実態と今後への期待．Jpn J Clin Pharmacol Ther 44（1）：47-52，2013

問題と解答

問題1．モニター（CRA）の業務として適切ではないものはどれか。2つ選べ。

a）治験実施医療機関の選定

b）治験分担医師・治験協力者の指名

c）治験薬の搬入・回収

d）被験者への同意説明

e）安全性情報の提供・収集

解答　b, d

治験分担医師および治験協力者は，治験責任医師が指名し，医療機関の長がそれを了承する。また，被験者への同意説明は，治験責任医師，治験分担医師あるいは治験協力者が行う。

問題2．治験の契約締結時期として正しいのはどれか。1つ選べ。

a）治験責任医師との合意取得後，治験審査委員会（IRB）申請前

b）治験審査委員会（IRB）申請後，治験審査委員会（IRB）承認前

c）治験審査委員会（IRB）承認後，治験薬搬入前

d）治験薬搬入後，治験開始時の説明会開催前

e）治験開始時の説明会開催後

解答　c

治験契約は，治験審査委員会（IRB）で治験実施について承認され，その結果通知書が発行されてから締結する．契約締結後，治験薬の搬入や治験開始時の説明会（スタートアップミーティングあるいはキックオフミーティング等と呼ばれる）を実施し，治験が開始される．なお，契約締結前に治験薬を搬入してはならない（GCP省令第11条）．

問題3． ALCOAの原則として，<u>誤っている</u>のはどれか．1つ選べ．

a）Attributable：帰属 / 責任の所在が明確である．
b）Legible：判読 / 理解できる．
c）Contemporaneous：同時である．
d）Organized：整理されている．
e）Accurate：正確である．

解答　d

「Original：原本である」が正しい原則である．

第2章 応用編

9. 監査の実際

KEY WORD 新倫理指針, 治験, 品質保証, 品質管理, CAPA, RBA

1. はじめに

　わが国では，医薬品・医療機器の製造販売承認取得を目的とした臨床試験を「治験」といい，これ以外の臨床試験を包括する医学系研究と区別している。治験の実施においては，「医薬品，医療機器等の品質，有効性及び安全性の確保等に関する法律」（略称：医薬品医療機器等法）に定められた厚生労働省令「医薬品の臨床試験の実施の基準に関する省令」（good clinical practice, GCP）（以下，「GCP省令」）の遵守が求められるが，治験以外の医学系研究に対しては，「人を対象とする医学系研究に関する倫理指針」が適用される。

2. 「人を対象とする医学系研究に関する倫理指針」における監査の定義

　かつて医学系研究に適用されていた「臨床研究に関する倫理指針」では，信頼性保証に関する規定はなく，**品質管理**は研究者の自主性に委ねられてきた。しかし近年，臨床研究の不正事案が相次いで発生したことなどを受け，「疫学研究に関する倫理指針」と統合した「人を対象とする医学系研究に関する倫理指針」（以下，「**新倫理指針**」）が2014年12月22日に公布され，2015年4月1日から施行，モニタリングおよび監査についてのみ2015年10月1日より施行されることとなった。

　新倫理指針において監査は，「研究結果の信頼性を確保するため，研究がこの指針及び研究計画書に従って行われたかについて，研究責任者の指定した者に行わせる調査」と定義されている。医学系研究のうち，「侵襲（軽微な侵襲を除く。）を伴う介入研究」を実施する場合には，必要に応じて監査を実施する責務が研究責任者に求められる。反復検証による結果の同一性確認でデータの信頼性を保証する基礎研究とは異なり，人を対象とした

医学系研究では，被験者保護の観点から，同様の試験を繰り返し行うことは避けるべきである。そこで，監査の手法を用いて当該研究の信頼性を保証する。

監査は通常，研究責任者が指名した監査担当者によって研究実施中に行われる。指名される担当者は必ずしも第三者である必要はなく，当該研究に携わる者（モニタリング担当者を含む）でなければ，研究機関内の者であっても良い。また，共同研究機関の研究者同士による相互監査や，倫理審査委員会による監査等が行われることもある。

監査では，研究実施計画書の作成，標準業務手順書（誰が・何を・どのように実施するかを事前に規定したもの）の整備，試験を実施するためのプロセスの構築，設備・リソースの確保，データの管理状況等を文書および関係者へのインタビューで確認し，ヘルシンキ宣言や指針遵守の観点から評価を行う。

監査で何らかの所見が確認された場合，監査担当者は，その内容を研究責任者に通知する。研究責任者は，監査所見をもとに問題の根本原因を分析（root cause analysis）し，再発阻止の対策を含む是正措置（corrective action，CA）と，以後の新たな問題発生への予防措置（preventive action，PA）を講じる。これらをCAPAサイクルという。このように，監査は，単なる調査にとどまらず，試験の品質を維持・向上させる目的にも活用できる。

指針に基づく医学系研究では，すべての研究に対して監査をするよう求められていない。したがって，研究責任者は，自身が実施する研究における監査の必要性を判断する必要がある。指針では，「研究の社会的及び学術的な意義，研究対象者への負担並びに予測されるリスク及び利益等を踏まえ，研究の質や透明性の確保等の観点から総合的に評価」するよう規定している。すなわち，リスクに応じた対応（risk based approach，RBA）が求められるのである。

現在のところ，指針に基づき標準化されたリスク評価や監査方法といったものはない。そのため，研究責任者たちはさまざまなアプローチを試みている。監査ではサンプリングにより試験全体の品質を評価することから，顕在的・潜在的リスクの高い医療機関を対象に行われる。顕在的リスクとしては，試験計画書の不備や脆弱な研究実施体制などが挙げられる。一方，潜在的リスクとしては，登録症例数の多さ，有害事象報告の極端な少なさ，症例報告書提出の遅延などが挙げられる。一般には，登録症例数の$\sqrt{5}$または5〜10％の症例を確認することが多いが，これらの決定は試験のリスクや実施体制等を鑑みて研究者が決定すべきもので，明確な基準はない。

3. 研究者主導型臨床研究の監査のステップ

研究者主導型臨床研究の監査のステップを図1に示す。以下，本ステップに従い監査のポイントを概説する。

```
┌─────────────────────────────────┐
│  ステップ1  試験のリスク評価      │
└─────────────────────────────────┘
              ↓
┌─────────────────────────────────┐
│  ステップ2  監査方法・監査計画の策定 │
└─────────────────────────────────┘
              ↓
┌─────────────────────────────────┐
│  ステップ3  監査の実施            │
└─────────────────────────────────┘
              ↓
┌─────────────────────────────────┐
│  ステップ4  監査の報告と是正の勧告  │
└─────────────────────────────────┘
              ↓
┌─────────────────────────────────┐
│  ステップ5  是正措置および予防措置の確認 │
└─────────────────────────────────┘
              ↓
┌─────────────────────────────────┐
│  ステップ6  監査計画の見直し       │
│   (→ ステップ3に戻る)            │
└─────────────────────────────────┘
              ↓
```

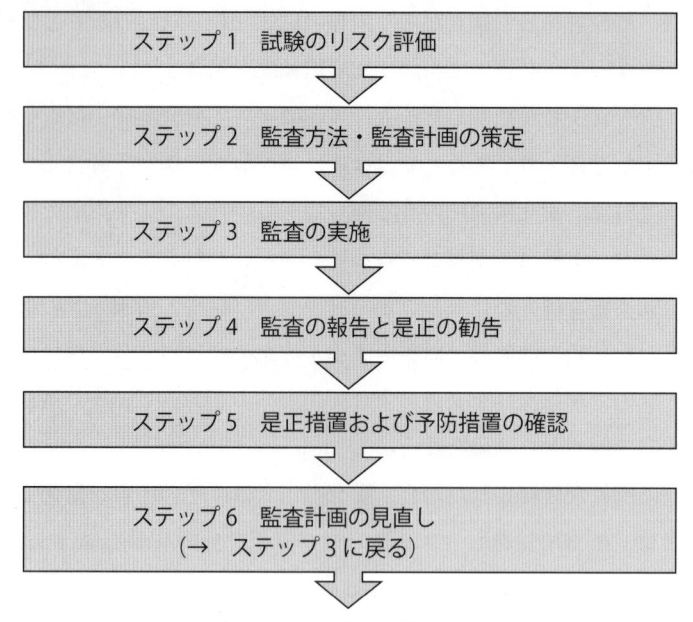

図1. 研究者主導型臨床研究の監査のステップ

2-1. ステップ1：試験のリスク評価

監査の方法および重点確認項目を決めるため，試験のリスクを評価する。

(1) 試験リスクポイント（被験者の安全性と結果の信頼性に影響するリスク）の特定
試験の目的，試験デザイン，試験薬のリスク，対象集団の脆弱性，安全性情報の取り扱い体制，実施体制のリスク，データのトレーサビリティ（データがどのように収集・評価され解析に至るかのプロセス），データ管理やモニタリング等の品質管理体制，利益相反など。

(2) リスクの発生頻度の予測（高いのか，低いのか）

(3) リスク発生時のインパクト予測（被験者に与える安全性上の問題と，試験の結果へ与える影響）

2-2. ステップ2：監査方法・監査計画の策定

試験開始前に試験計画書から試験全体のリスク評価を行う。また，試験実施中に確認すべきリスクを特定する。その結果に基づき監査方法を決定し，監査手順書および監査計画書等を作成する。実施体制や実施手順は研究実施計画書に規定し（実施手順は監査手順書を作成することでも可），事前に倫理審査委員会の承認を受けなければならない。

(1) 実施時期：試験のどの時期に実施するか／必要に応じて追加実施するか。

(2) 監査担当者：監査担当者としての要件・担当者の指名。

(3) 監査方法：システム監査（試験の実施組織や運営体制を確認）
症例監査（実施医療機関での実施状況を診療録などから確認）

　　　　論文監査（結果の公表論文を確認）
(4) 確認項目：結果の解釈に大きな影響を与える可能性のあるプロセスおよびデータ．

2-3．ステップ3：監査の実施

　ステップ2の監査手順書および監査計画書に従って監査を実施する．

　ステップ1で評価したリスクポイントに留意しながら，以下の事項を中心に試験関連文書（診療録，審査資料を含む）の確認および試験担当者へのインタビューを行う．
- 各種手順書の整備状況と研究実施における遵守状況
- 倫理審査委員会の審査（新規実施および計画書等の変更，重篤な有害事象，実施状況報告など）
- 同意取得のプロセス（同意書の確認を含む）
- 逸脱の発生状況およびその対応
- 重篤な有害事象の発生状況およびその対応
- （共同研究の場合）他の施設との情報共有（安全性に関する情報の周知体制など）
- 原資料の整備状況および症例報告書と原データの整合性
- 試験薬の管理
- 検体の処理および管理
- 試験関連文書の管理および保管

2-4．ステップ4：監査の報告および是正の勧告

　ステップ3で確認された所見の報告を行う．
(1) 監査報告書により研究責任者および研究機関の長に報告する．
　　（日付，実施場所，担当者の氏名，監査の対象，結果の概要等）
(2) 共同研究の場合には研究代表者にも報告することが望ましい．
(3) 必要に応じて，発見された問題の是正勧告を行う．

　所見の内容が，患者の安全性またはデータの信頼性に重大な影響を与えると考えられる場合には，特に迅速な報告が求められる．

2-5．ステップ5：是正措置および予防措置の確認

　監査所見に基づく是正勧告に対する研究責任者等の対応内容（原因分析，是正措置および予防措置）を検証する．対応が適切でない場合は，見直しを勧告する．

2-6．ステップ6：監査計画の見直しの必要性の判断

　確認した試験実施状況から，さらに監査の対象や頻度を増やす必要があるか等，監査計

画見直しの必要性を検討する。

4．「治験」における監査の定義と手法

治験の実施において適用される規制要件で最も基本となるのはGCPであり，日本国内のみで実施する治験では，GCP省令およびガイダンス（以下，「GCP省令等」）の遵守が求められる。また，国際共同治験では，日米EUの医薬品規制調和を目的として作成されたICHガイドラインの一つであるICH E6（以下，「ICH-GCP」）への対応も必要となる。

GCP省令等で，監査は「治験又は製造販売後臨床試験により収集された資料の信頼性を確保するため，治験又は製造販売後臨床試験がこの省令及び治験実施計画書又は製造販売後臨床試験実施計画書に従って行われたかどうかについて治験依頼者若しくは製造販売後臨床試験依頼者が行う調査，又は自ら治験を実施する者が特定の者を指定して行わせる調査をいう」と定義されている。

一方，ICH-GCPにおける監査の定義は「A systematic and independent examination of trial related activities and documents to determine whether the evaluated trial related activities were conducted, and the data were recorded, analyzed and accurately reported according to the protocol, sponsor's standard operating procedures（SOPs）, Good Clinical Practice（GCP）, and the applicable regulatory requirement（s）」となっている。ICH-GCPの定義はGCP省令等より若干具体的であるが，基本的な手法に特段の違いはない。

治験では，監査業務の手順についても規定がある。GCP省令等の記述を**表1**に示す。

治験の監査（以下，「GCP監査」）では，手順書の作成，担当者の資格要件と独立性，監査対象，監査報告書の作成，監査証明書の発行などのプロセスを明確に規定する必要がある。

また，GCP監査は，その目的に応じて「施設監査」「システム監査」「書類監査」の3種に分類されるが，いずれの監査も治験のリスクに応じて実施の要否や頻度が検討される。

4-1．施設監査

GCP監査のうち最も一般的なのは，特定の治験実施中に実施される施設監査である。実施に先立ち，以下のような要素に対してリスク評価が行われ，その結果に応じて監査対象施設数が決められる。

・当該プロジェクト/試験の重要度
・症例数
・施設数
・治験の難易度
・当局査察の実施状況

表1．GCP省令/ガイダンス

第23条　治験依頼者は，監査に関する計画書及び業務に関する手順書を作成し，当該計画書及び手順書に従って監査を実施しなければならない。
2　監査に従事する者（以下「監査担当者」という。）は，医薬品の開発に係る部門及びモニタリングを担当する部門に属してはならない。
3　監査担当者は，監査を実施した場合には，監査で確認した事項を記録した監査報告書及び監査が実施されたことを証明する監査証明書を作成し，これを治験依頼者に提出しなければならない。

〈第1項〉
1　監査の目的は，治験の品質保証のために，治験が本基準，治験実施計画書及び手順書を遵守して行われているか否かを通常のモニタリング及び治験の品質管理業務とは独立・分離して評価することにある。
2　治験依頼者は，治験のシステム及び個々の治験に対する監査について，監査の対象，方法及び頻度並びに監査報告書の様式と内容を記述した監査手順書を作成し，監査が当該手順書及び当該手順書に基づいた監査計画に従って行われることを保証すること。また，監査担当者の要件を当該手順書中に記載しておくこと。
3　治験のシステムに対する監査は，治験依頼者，実施医療機関及び治験の実施に係るその他の施設における治験のシステムが適正に構築され，かつ適切に機能しているか否かを評価するために行うものである。
4　個々の治験に対する監査は，当該治験の規制当局に対する申請上の重要性，被験者数，治験の種類，被験者に対する治験の危険性のレベル及びモニタリング等で見出されたあらゆる問題点を考慮して，治験依頼者，実施医療機関及び治験の実施に係るその他の施設に対する監査の対象及び時期等を決定した上で行うこと。
5　監査担当者も必要に応じて実施医療機関及び治験に係るその他の施設を訪問し，原資料を直接閲覧することにより治験が適切に実施されていること及びデータの信頼性が十分に保たれていることを確認すること。
6　治験依頼者は，モニタリング，監査並びに治験審査委員会及び規制当局の調査時に，治験責任医師及び実施医療機関が原資料等のすべての治験関連記録を直接閲覧に供することを実施医療機関との治験の契約書及び治験実施計画書又は他の合意文書に明記すること。
7　治験依頼者は，モニタリング，監査並びに治験審査委員会及び規制当局の調査時に，被験者の医療に係る原資料が直接閲覧されることについて，各被験者が文書により同意していることを確認すること。

〈第2項〉
1　治験依頼者は，治験の依頼及び治験の実施に直接係る業務とは無関係の者で，教育・訓練と経験により監査を適切に行いうる要件を満たしている者を監査担当者として指名すること。

〈第3項〉
1　監査担当者は，監査の記録に基づき監査報告書を作成し，記名押印又は署名の上，治験依頼者に提出すること。監査報告書には，報告書作成日，被監査部門名，監査の対象，監査実施日，監査結果（必要な場合には改善提案を含む。）及び当該報告書の提出先を記載すること。
2　監査機能の独立性と価値を保つために，規制当局は，通常の調査の際には監査報告書の閲覧を求めないこととする。ただし，重大なＧＣＰ省令不遵守が認められる場合には，監査報告書の閲覧を求めることができる。上記1の監査の記録についても同様とする。
3　監査担当者は，監査を行った治験について，監査が実施されたことを証明する監査証明書を作成し，記名押印又は署名の上，治験依頼者に提出すること。

- 規制要件の特殊性や変更（国際共同臨床試験の場合）
- その他，参加国特有のリスク（国際共同臨床試験の場合）

　監査対象となる施設数が決定すれば，施設選定を開始する。施設選定では，次のような要素が検討され，最もリスクが高い施設から順に監査対象施設の候補とする。
- 治験の進捗状況（契約例数，登録例数，割付例数など）
- 監査の経験
- 当局査察の経験
- モニタリング状況
- 逸脱件数
- 重篤な有害事象の発生件数
- データに対する懸念
- その他の懸念事項

　監査対象施設の選定が完了すれば，治験依頼者の治験実施部門および施設に監査の実施を通知する。日程調整（モニターが介在する場合もあり）が完了すれば，いよいよ施設監査の実施である。監査担当者は，監査当日までに可能な限りの施設関連情報を入手するとともに，進行表やチェックリスト等を準備する。

　監査当日は，監査担当者が施設を訪問して，当該施設の治験実施手順（SOPや役割分担の確認を含む），GCP必須文書を中心とした治験関連文書（依頼/契約/変更手続き，IRB審査，同意取得に関する書類等を含む）の作成・保管状況，原資料の作成状況等を，文書類の閲覧と治験責任医師等へのインタビューで確認する。

　監査終了後，監査担当者は監査報告書を作成し，治験依頼者に提出する。対応すべき事項（所見）がある場合，治験依頼者は問題の原因分析（root cause analysis）を行い，是正措置（corrective action，CA）および予防措置（preventive action，PA）を策定・実行する。また，一定期間が経過した際に，これらの対策が有効であったかを確認する（follow-up）。

4-2．システム監査および書類監査

　システム監査は，治験依頼者，開発業務受託機関（Clinical research organization，CRO），各種ベンダー（臨床検査会社など）など，治験に関与するさまざまな組織を対象に，主にプロセスの確認を目的として実施される。

　監査対象組織および実施時期はリスク評価に基づいて検討されるが，必ずしも単独治験ごとに実施されるわけではない。監査対象組織が複数治験にまたがって業務を行っている場合は，サンプルとなる治験を選択して所定の確認を行う。

　システム監査における主な確認事項は，以下のようなものである。

- 組織・体制
- 役割分担（役割と責務）
- 業務の実施プロセス（検体や成果物の授受および品質管理を含む）
- データ管理

　一方，書類監査は，治験実施計画書，治験薬概要書，同意説明文書，治験総括報告書等を対象とし，書類の作成プロセス（記録を含む），根拠資料と成果物の整合性，GCP や標準業務手順書への遵守状況等を確認することで，**品質保証**を行う．対象書類の選定方法は治験依頼者によって手順が異なるが，一定のリスク評価に基づいて監査計画を立案し，実施した結果を治験依頼者に報告する点は共通である．

　いずれの監査においても，施設監査と同様に問題の原因分析，是正／予防措置を講じ，試験やプロジェクト全体に対する品質確保につなげることが重要である．

■参考文献
1）人を対象とする医学系研究に関する倫理指針（2014 年 12 月 22 日公布）
http://www.mhlw.go.jp/file/06-Seisakujouhou-10600000-Daijinkanboukouseikagakuka/0000069410.pdf
2）臨床試験のモニタリングと監査に関するガイドライン．医薬品・医療機器等レギュラトリーサイエンス総合研究事業「治験活性化に資する GCP の運用等に関する研究」班および大学病院臨床試験アライアンス
3）医薬品の臨床試験の実施の基準に関する省令（平成 9 年 3 月 27 日 厚生省令第 28 号）
https://www.pmda.go.jp/int-activities/int-harmony/ich/0028.html
4）「『医薬品の臨床試験の実施の基準に関する省令』のガイダンスについて」の一部改正等について（薬食審査発 0404 第 4 号 平成 25 年 4 月 4 日）
http://www.fukushihoken.metro.tokyo.jp/kenkou/iyaku/sonota/iyakuhin_news/iyakuhin_news_h25.files/img-409161604.pdf
5）ICH Harmonised Tripartite Guideline / Guideline For Good Clinical Practice E6（R1），1996

問題と解答

問題 1.「人を対象とする医学系研究に関する倫理指針」に基づく研究における監査の目的は，次のうちどれか．1 つ選べ．

a）研究結果を評価するため．
b）研究リスクを評価するため．
c）研究の有用性を評価するため．
d）研究結果の信頼性を確保するため．

解答　d

「研究結果の信頼性を確保するため，研究がこの指針及び研究計画書に従って行われたかについて，研究責任者の指定した者に行わせる調査」と定義されている。

問題2．監査所見が確認された場合に必要となる対応を説明せよ。

解答

（模範解答）所見の内容を研究責任者もしくは治験依頼者に報告する。その後，所見となった問題の原因分析（root cause analysis）を行い，是正措置（corrective action, CA）および予防措置（preventive action, PA）を策定・実行する。また，一定期間が経過した際に，これらの対策が有効であったかを確認する（follow-up）。

資料：標準正規分布表

$$P(Z \leq z) = \phi(z) = \int_{-\infty}^{z} \frac{1}{\sqrt{2\pi}} e^{-\frac{x^2}{2}} dx$$

z	$\Phi(z)$	z	$\Phi(z)$	z	$\Phi(z)$	z	$\Phi(z)$	z	$\Phi(z)$
0.00	0.500000	0.38	0.648027	0.76	0.776373	1.14	0.872857	1.52	0.935745
0.01	0.503989	0.39	0.651732	0.77	0.779350	1.15	0.874928	1.53	0.936992
0.02	0.507978	0.40	0.655422	0.78	0.782305	1.16	0.876976	1.54	0.938220
0.03	0.511966	0.41	0.659097	0.79	0.785236	1.17	0.879000	1.55	0.939429
0.04	0.515953	0.42	0.662757	0.80	0.788145	1.18	0.881000	1.56	0.940620
0.05	0.519939	0.43	0.666402	0.81	0.791030	1.19	0.882977	1.57	0.941792
0.06	0.523922	0.44	0.670031	0.82	0.793892	1.20	0.884930	1.58	0.942947
0.07	0.527903	0.45	0.673645	0.83	0.796731	1.21	0.886861	1.59	0.944083
0.08	0.531881	0.46	0.677242	0.84	0.799546	1.22	0.888768	1.60	0.945201
0.09	0.535856	0.47	0.680822	0.85	0.802337	1.23	0.890651	1.61	0.946301
0.10	0.539828	0.48	0.684386	0.86	0.805105	1.24	0.892512	1.62	0.947384
0.11	0.543795	0.49	0.687933	0.87	0.807850	1.25	0.894350	1.63	0.948449
0.12	0.547758	0.50	0.691462	0.88	0.810570	1.26	0.896165	1.64	0.949497
0.13	0.551717	0.51	0.694974	0.89	0.813267	1.27	0.897958	1.65	0.950529
0.14	0.555670	0.52	0.698468	0.90	0.815940	1.28	0.899727	1.66	0.951543
0.15	0.559618	0.53	0.701944	0.91	0.818589	1.29	0.901475	1.67	0.952540
0.16	0.563559	0.54	0.705401	0.92	0.821214	1.30	0.903200	1.68	0.953521
0.17	0.567495	0.55	0.708840	0.93	0.823814	1.31	0.904902	1.69	0.954486
0.18	0.571424	0.56	0.712260	0.94	0.826391	1.32	0.906582	1.70	0.955435
0.19	0.575345	0.57	0.715661	0.95	0.828944	1.33	0.908241	1.71	0.956367
0.20	0.579260	0.58	0.719043	0.96	0.831472	1.34	0.909877	1.72	0.957284
0.21	0.583166	0.59	0.722405	0.97	0.833977	1.35	0.911492	1.73	0.958185
0.22	0.587064	0.60	0.725747	0.98	0.836457	1.36	0.913085	1.74	0.959070
0.23	0.590954	0.61	0.729069	0.99	0.838913	1.37	0.914657	1.75	0.959941
0.24	0.594835	0.62	0.732371	1.00	0.841345	1.38	0.916207	1.76	0.960796
0.25	0.598706	0.63	0.735653	1.01	0.843752	1.39	0.917736	1.77	0.961636
0.26	0.602568	0.64	0.738914	1.02	0.846136	1.40	0.919243	1.78	0.962462
0.27	0.606420	0.65	0.742154	1.03	0.848495	1.41	0.920730	1.79	0.963273
0.28	0.610261	0.66	0.745373	1.04	0.850830	1.42	0.922196	1.80	0.964070
0.29	0.614092	0.67	0.748571	1.05	0.853141	1.43	0.923641	1.81	0.964852
0.30	0.617911	0.68	0.751748	1.06	0.855428	1.44	0.925066	1.82	0.965620
0.31	0.621720	0.69	0.754903	1.07	0.857690	1.45	0.926471	1.83	0.966375
0.32	0.625516	0.70	0.758036	1.08	0.859929	1.46	0.927855	1.84	0.967116
0.33	0.629300	0.71	0.761148	1.09	0.862143	1.47	0.929219	1.85	0.967843
0.34	0.633072	0.72	0.764238	1.10	0.864334	1.48	0.930563	1.86	0.968557
0.35	0.636831	0.73	0.767305	1.11	0.866500	1.49	0.931888	1.87	0.969258
0.36	0.640576	0.74	0.770350	1.12	0.868643	1.50	0.933193	1.88	0.969946
0.37	0.644309	0.75	0.773373	1.13	0.870762	1.51	0.934478	1.89	0.970621

z	$\Phi(z)$	z	$\Phi(z)$	z	$\Phi(z)$	z	$\Phi(z)$	z	$\Phi(z)$
1.90	0.971283	2.31	0.989556	2.72	0.996736	3.13	0.999126	3.54	0.999800
1.91	0.971933	2.32	0.989830	2.73	0.996833	3.14	0.999155	3.55	0.999807
1.92	0.972571	2.33	0.990097	2.74	0.996928	3.15	0.999184	3.56	0.999815
1.93	0.973197	2.34	0.990358	2.75	0.997020	3.16	0.999211	3.57	0.999822
1.94	0.973810	2.35	0.990613	2.76	0.997110	3.17	0.999238	3.58	0.999828
1.95	0.974412	2.36	0.990863	2.77	0.997197	3.18	0.999264	3.59	0.999835
1.96	0.975002	2.37	0.991106	2.78	0.997282	3.19	0.999289	3.60	0.999841
1.97	0.975581	2.38	0.991344	2.79	0.997365	3.20	0.999313	3.61	0.999847
1.98	0.976148	2.39	0.991576	2.80	0.997445	3.21	0.999336	3.62	0.999853
1.99	0.976705	2.40	0.991802	2.81	0.997523	3.22	0.999359	3.63	0.999858
2.00	0.977250	2.41	0.992024	2.82	0.997599	3.23	0.999381	3.64	0.999864
2.01	0.977784	2.42	0.992240	2.83	0.997673	3.24	0.999402	3.65	0.999869
2.02	0.978308	2.43	0.992451	2.84	0.997744	3.25	0.999423	3.66	0.999874
2.03	0.978822	2.44	0.992656	2.85	0.997814	3.26	0.999443	3.67	0.999879
2.04	0.979325	2.45	0.992857	2.86	0.997882	3.27	0.999462	3.68	0.999883
2.05	0.979818	2.46	0.993053	2.87	0.997948	3.28	0.999481	3.69	0.999888
2.06	0.980301	2.47	0.993244	2.88	0.998012	3.29	0.999499	3.70	0.999892
2.07	0.980774	2.48	0.993431	2.89	0.998074	3.30	0.999517	3.71	0.999896
2.08	0.981237	2.49	0.993613	2.90	0.998134	3.31	0.999534	3.72	0.999900
2.09	0.981691	2.50	0.993790	2.91	0.998193	3.32	0.999550	3.73	0.999904
2.10	0.982136	2.51	0.993963	2.92	0.998250	3.33	0.999566	3.74	0.999908
2.11	0.982571	2.52	0.994132	2.93	0.998305	3.34	0.999581	3.75	0.999912
2.12	0.982997	2.53	0.994297	2.94	0.998359	3.35	0.999596	3.76	0.999915
2.13	0.983414	2.54	0.994457	2.95	0.998411	3.36	0.999610	3.77	0.999918
2.14	0.983823	2.55	0.994614	2.96	0.998462	3.37	0.999624	3.78	0.999922
2.15	0.984222	2.56	0.994766	2.97	0.998511	3.38	0.999638	3.79	0.999925
2.16	0.984614	2.57	0.994915	2.98	0.998559	3.39	0.999651	3.80	0.999928
2.17	0.984997	2.58	0.995060	2.99	0.998605	3.40	0.999663	3.81	0.999931
2.18	0.985371	2.59	0.995201	3.00	0.998650	3.41	0.999675	3.82	0.999933
2.19	0.985738	2.60	0.995339	3.01	0.998694	3.42	0.999687	3.83	0.999936
2.20	0.986097	2.61	0.995473	3.02	0.998736	3.43	0.999698	3.84	0.999938
2.21	0.986447	2.62	0.995604	3.03	0.998777	3.44	0.999709	3.85	0.999941
2.22	0.986791	2.63	0.995731	3.04	0.998817	3.45	0.999720	3.86	0.999943
2.23	0.987126	2.64	0.995855	3.05	0.998856	3.46	0.999730	3.87	0.999946
2.24	0.987455	2.65	0.995975	3.06	0.998893	3.47	0.999740	3.88	0.999948
2.25	0.987776	2.66	0.996093	3.07	0.998930	3.48	0.999749	3.89	0.999950
2.26	0.988089	2.67	0.996207	3.08	0.998965	3.49	0.999758	3.90	0.999952
2.27	0.988396	2.68	0.996319	3.09	0.998999	3.50	0.999767	3.91	0.999954
2.28	0.988696	2.69	0.996427	3.10	0.999032	3.51	0.999776	3.92	0.999956
2.29	0.988989	2.70	0.996533	3.11	0.999065	3.52	0.999784	3.93	0.999958
2.30	0.989276	2.71	0.996636	3.12	0.999096	3.53	0.999792	3.94	0.999959

索引

```
凡例
・索引は，第 1 章および第 2 章の本文のみを対象とした．
・索引内で使用した記号の意味は次の通り．
    〔 〕内：省略可能な字句
    [ ]内：前の字句と置き換え可能な字句
    ( ) 内：前の字句の説明または注釈の意味の字句
```

記号・数字

α 43, 46, 49, 50, 51, 53, 62, 70, 71, 72
　　　　　　　　　　73, 79, 88, 96, 99, 144
α error（α過誤）.. 43
α消費関数 144
β error（β過誤）.. 44
1 年生存率 126
2 重対数プロット 118
2 値変数 104, 109, 145
5-number summary 8
5 年生存率 126
50％生存期間 126
95％信頼区間 33, 34, 35, 36, 37, 38, 147

英　語

【A】

absolute risk 82
absolute risk reduction 83, 85
accuracy 77
adjustment 137
admission bias 137
adverse event 166
AE 166, 169
age adjustment death rate 126, 129
agent 124, 128
ALCOAの原則 168, 171
alternative hypothesis 40
analysis of variance 88
analytic epidemiology 128
ANOVA 88
AR 82
ARR 83, 85, 86

【B】

bias 77
bimodal 4
blinding 141
Bonferroni の方法 95, 96, 99
box and whisker plot 12

【C】

CA 173, 178, 180
CAPA サイクル 173
case fatality 126
case report 134
case report form 163
case series 134
case-control study 134
categorical data 2
CDISC 156
CDISC 標準 157, 158
censor 111
CENTRAL 146
central monitoring 170
clinical data interchange standards consortium 156
clinical question 80, 145
clinical research 76, 132
clinical research associate 162
clinical research coordinator 141, 166
Clinical research organization 178
clinical study 132
clinical study report 164
Cochran's Q test 147, 150
Cochrane Database 146
coefficient of variation 9
cohort study 134
common technical document 158
comparability 81, 141
computer system validation 156
confidence interval 32
confounding factor 137
continuous data 3
control 140
corrective action 173, 178, 180
cost-benefit analysis 129
cost-effectiveness 129
cost-effectiveness analysis 129
count 3
counting data 3
Cox 回帰 111, 117, 118
Cox の比例ハザードモデル 117, 118

184

CRA 162, 163, 164, 165, 166, 169, 170
CRC 141, 166
CRF 156, 163, 166, 168
CRO 178
cross table 10
crossover design 142
cross-sectional study 133
crude death rate 126
CSR 164
CSV 156
CSV の手順書 156
CTD 158, 159
cumulative incidence rate 126, 129
CV 9

【D】
DerSimonian-Laird 法 147
descriptive epidemiology 123
deviation 8
diagnostic bias 137
disability adjusted life years 129
discrete data 3
double blind 141
Dunnett の方法 94, 95, 96, 97, 99

【E】
EBM 76, 80, 82, 145
EBM のステップ 80
EDC 151, 156, 162, 168, 169, 170
EDC システム選定 156
electronic data capture 156, 168
EMA 167
EMBASE 146
environment 124, 128
epidemiology 122
estimate 29
estimation 29
evidence-based medicine 76
expectation 61
external validity 82

【F】
factorial design 142
FAS 79, 82
FDA 167
fertility rate 125
fixed effects model 147
forest plot 147
full analysis set 79
funnel plot 147
F 分布 91

【G】
Gamew-Howell の方法 95
GCP 151, 152, 162, 172, 176, 179
GCP 省令 152, 154, 162, 163, 164
165, 166, 171, 172, 176
General variance-based method 147
generalizability 82
global 標準 168
good clinical practice 152, 162, 172, 176

【H】
healthy worker effect 136
heterogeneity 147, 150
Higgins I^2 統計量 147, 150
histogram 4
Honestly Significant Difference 94
host 124, 128

【I】
ICH E6 176
ICH-GCP 168, 176
incidence-prevalence bias 137
incidence rate 125, 128
infant mortality rate 128
information bias 137
institutional review board 165
intention to treat 79
interim analysis 144
internal validity 81
interquartile range 7, 8
interval estimation 32
interval scale 3
interventional study 133
interviewer bias 137
IQR 8, 12, 15
IR 125, 129
IRB 165, 171
ITT 79, 82, 145

【J】
Jadad score 146

【K】
Kruskal-Wallis 検定 89, 92, 98
kurtosis 10

【L】
Lan-Demets 法 144
last observed carried forward 154
left censored 112
LOCF 154

185

longitudinal study	133

【M】

Mann-Whitney の U 検定	92
Mantel-Haenszel 法	147
masking	141
matching	137
maternal mortality rate	128
mean	6
mean deviation	8
measure	3
measurement bias	137
measuring data	3
median	7, 126
median survival time	126
MEDLINE	81, 146
meta-analysis	145
misclassification bias	137
missing	154
multivariate analysis	100, 137

【N】

nested case-control study	136
NNH	83
NNT	83, 85, 86
nominal scale	3
non-respondent bias	137
null hypothesis	40
number needed to harm	83
number needed to treat	83, 85

【O】

O'Brien-Fleming 法	144
observation	62
observational study	133
odds	82
odds ratio	82, 105
off-site monitoring	169
one-sided test	42
on-site monitoring	169
OR	82, 105, 106
ordinal scale	3

【P】

PA	173, 178, 180
parallel group comparison design	142
parameter	29
patient, intervention, comparison, outcome	145
PECO	81, 145
per protocol set	79
percentile	8

permuted block method	143
person-year	125
Peto 法	147
pharmacoepidemiology	123
PICO	81, 145
Pocock 法	144
point estimation	29
population	9, 29
population at risk	134
power：1-β	144
PPS	79
precision	78
prevalence rate	125, 128
preventive action	173
price–performance ratio	123
PROBE 法	141
product limit estimator	113
proportion	125
prospective	133
prospective, randomized, open-labeled, blinded endpoints study	141
protocol	78
publication bias	147
PubMed	146
PY	125
P 値（P value）	39, 40, 41, 42, 43, 46, 49, 50, 52, 53, 62, 63, 104, 106, 108, 116, 119

【Q】

qualitative data	2
quantitative data	2
quartile	7
quartile deviation	7, 8

【R】

R^2 乗値	104
random effects model	147
random sampling	137
randomization	137
randomized clinical trial	141
randomized controlled trial	140
range	7
rank-sum test	92
rate	125
ratio	124, 125
ratio scale	3
RBA	172, 173
RBM	162, 169
RCT	140, 141
recall bias	137
relative risk	82

relative risk reduction 83, 185
research question 80, 145
retrospective 133
right censored 112
risk based approach 173
risk based monitoring 169
root cause analysis 173, 178, 180
RR 82
RRR 83, 85
rumination bias 137

【S】

SAE 166, 167
sample 9, 29
sample size 44
sample variance 9
scales 3
scatter plot 12
Scheffe の方法 94, 95
ScienceDirect 146
SDV 166, 167, 169
SE 146
selection bias 136
selection criteria 145
self-selection bias 136
serious adverse event 166
Shirley-Williams の方法 95
significance level 40
single blind 141
site management organization 165
skewness 10
SMO 165
SOP 176, 178
source data verification 166
specification 137
standard deviation 8, 9
standard deviation of the sample 9
standard error 30, 146
standardization 137
statistical hypothesis testing 39
statistical inference 29
statistical power 44
Steel の方法 95
Steel-Dwass の方法 95
stem and leaf plot 6
Stratification 137
strength of evidence 81
Student の t 検定 47, 48, 49, 50, 53, 57, 93
Sturges' rule 4
surveillance 136
survey 136

survival rate 126
survival time 111
systematic review 145

【T】

Tamhane の T2 の方法 95
time series study 136
triple blind 141
Tukey HSD 94
Tukey-Kramer 法 94
Tukey の方法 94, 95, 99
two-sided test 42
type I error 43
type II error 44
t 検定 48, 91, 94, 99

【U】

unbiased variance 9
unblinding 154

【V】

variability 77
variance 6, 8
variation 9, 76, 77

【W】

Web of Science 146
weighted mean difference 145
Welch の t 検定 48, 95
Wilcoxon〔の〕順位和検定 57, 58, 59
Wilcoxon 符号付き順位検定 57, 58, 59
Williams の方法 95
withdrawal bias 137
WMD 145

日本語

【ア】

アウトカム 100, 109, 111, 134, 135, 141, 147

【イ】

異質性 140, 146, 147
異質性の検定 146
一元配置分散分析 88, 89, 92, 93, 95
一次結合 117
一時点 133, 136
医中誌 web 146
一般化 78, 82
一般化ウィルコクソン検定 111, 113, 114, 115,
116, 117, 121
イベント 82, 83, 111, 112, 115, 116, 135

索引

医薬品医療機器総合機構................................. 159
医薬品の臨床試験の実施の基準に関する省令
.... 152, 162, 172
因子分析... 100

【ウ】

後ろ向き 133, 134, 135
後ろ向きコホート研究 134, 135
右側打ち切り 112
打ち切り 111, 116, 120, 144, 154

【エ】

疫学 122, 123, 124, 128
疫学の3要因 122, 124, 128
エビデンスの強さ 81
エビデンスレベル 76, 81, 140, 141, 144, 145
エフェクトサイズ 145, 146, 147
エンドポイント 76, 79, 82, 141, 145
横断研究 132, 133, 134, 136

【オ】

オープン〔ラベル〕試験 141
オッズ 82, 83, 105, 106, 124
オッズ比 82, 100, 105, 106, 136, 139, 145, 147

【カ】

回帰 12, 66
回帰係数 72, 101, 102
回帰式 101, 104, 108, 110
回帰直線 71, 72, 73, 74
回帰直線の傾き 72, 74
回帰直線の切片 72
回帰分析 67, 70, 101, 104, 108
階級数 4, 6
階級幅 4
カイ二乗検定 57, 60, 61, 62, 65, 121
カイ二乗分布 62
解析対象集団 79, 82, 145, 154
解析対象集団 79, 82, 145, 154
解析用データセット 158
外的妥当性 76, 82
介入試験 76, 123, 132, 133, 136, 138, 140, 141, 144
開発業務受託機関 156, 178
害必要数 83
確度 77
確率関数 17, 18, 19, 20, 21, 22, 23, 24, 25, 26
確率計算 25, 26
確率質量関数 18
確率点 33, 34, 35
確率分布 10, 17, 26, 28, 29, 45, 104
確率分布表 17, 26

確率変数 17, 18, 19, 20, 21, 22, 23
24, 25, 26, 27, 101, 112, 113
確率密度関数 18, 24, 25, 26, 27, 54, 113
加重平均 146
仮説 40, 41, 42, 43, 44, 45, 76, 78
95, 123, 132, 133, 136
数える 3
型 2
片側検定 39, 42, 43, 48, 51
片側対立仮説 42
偏り 77, 81, 84, 138, 153, 154, 160
カテゴリカルデータ 2
カプラン・マイヤー推定量 113
カプラン・マイヤー法 113, 116, 117, 118, 120
間隔尺度 2, 3
環境要因 124, 128, 130
監査 172, 173, 174, 175, 176, 178, 179
監査計画書 174, 175
監査証明書 176
観察研究 76, 100, 132, 133, 134, 136, 137, 138, 140
監査手順書 174, 175
監査報告書 175, 176, 178
患者対照研究 135
観測値 2, 4, 6, 7, 8, 9, 12, 62, 70, 114, 115, 154
幹葉図 6

【キ】

幾何分布 17, 23
棄却域 91
記号化 2
記述疫学 122, 123
記述疫学的研究 134
記述的解析 2, 10, 12, 14
記述統計量 6
期待値 17, 19, 20, 21, 22, 23, 24, 25, 26, 27
30, 31, 32, 61, 62, 101, 114, 115
キックオフミーティング 166, 171
帰無仮説 39, 40, 41, 42, 43, 44, 48, 49, 50, 51
52, 53, 58, 59, 61, 62, 65, 88, 89, 90,
91, 92, 93, 94, 98, 104, 106, 114, 116
共分散 66, 68, 69, 72
共分散分析 101
共変量 101, 117, 153
寄与危険度 82
寄与リスク 82
寄与率 72, 104

【ク】

偶然誤差 77, 78, 141, 147
区間推定 28, 32, 33, 37, 39
クラスター分析 100

188

クロスオーバー試験.................. 50, 140, 142, 149
クロス集計表.................................... 2, 10

【ケ】

計数データ... 3
系統誤差.................................... 77, 84, 141
系統的な偏り.................................. 77, 81
計量データ... 3
結果因子... 137
欠測データ... 154
決定係数................................... 66, 72, 73
原因分析.......................... 175, 178, 179, 180
研究仮説..................................... 76, 78, 79
研究デザイン................... 76, 78, 79, 84, 132, 134
　　　　　　　　　　　　136, 137, 140, 145
健康労働者効果................................... 136
検出力....... 39, 43, 44, 45, 79, 94, 95, 96, 144, 145, 154
原資料.............................. 162, 166, 168, 175, 178
限定... 137
検定統計量............... 39, 43, 49, 52, 56, 58, 59, 62
　　　　　　　　　　65, 88, 92, 96, 114, 116

【コ】

効果安全性評価委員会......................... 144
交互作用.................................. 92, 142, 149
合成変数... 105
交絡................................... 100, 132, 136, 137
交絡因子...................................... 100, 137, 138
交絡バイアス....................................... 137
誤差.. 32, 70, 76, 77, 102
誤差項... 101
五数要約... 8
固定効果モデル................................... 147
誤分類バイアス................................... 137
コホート研究........... 81, 123, 132, 134, 135, 136, 139
コホート内症例対照研究..................... 136
コモン・テクニカル・ドキュメント........... 151, 158
コントロール....................................... 140
コントロール群................................... 141
コンピュータシステムバリデーション........ 156

【サ】

最小化法... 143
最小 2 乗推定値................................... 102
最小二［2］乗法................... 66, 70, 72, 102
再生性.................................... 21, 22, 25
左側打ち切り....................................... 112
三重盲検.. 79, 141
算術平均... 6
散布図....................................... 12, 66, 67
散布度.. 6, 7, 10

サンプルサイズ.......................... 145, 147, 152, 154

【シ】

思案バイアス....................................... 137
時期効果.. 142, 149
時系列研究.................................... 132, 136
試験デザイン................... 81, 142, 151, 152, 153
　　　　　　　　　　154, 155, 157, 174
自己選択バイアス............................... 136
指数関数....................................... 105, 117
システマティックレビュー......... 140, 145, 148
システム監査.......................... 174, 176, 178
施設監査.................................. 176, 178, 179
実現値... 112
〔治験〕実施計画書......... 78, 151, 154, 155, 156, 159
　　　　　　　　　　161, 162, 163, 164, 165, 166
　　　　　　　　　　167, 169, 173, 174, 176, 179
実態調査... 136
実地調査... 167
質的データ................... 2, 3, 4, 10, 12, 14, 15
質問者バイアス................................... 137
四分位点.. 7, 8, 12
四分位範囲.................... 7, 8, 12, 15, 16
四分位偏差...................................... 2, 7, 8
尺度.............................. 2, 3, 12, 14, 125
遮蔽化... 141
重回帰分析.......................... 100, 101, 102, 104
重回帰モデル....................................... 102
収集すべき論文の採用基準................. 145
縦断研究.. 133, 136
自由度................... 33, 34, 35, 49, 52, 62, 91, 104
重篤な有害事象........................ 166, 175, 178
自由度調整済み R^2 乗値........................ 104
自由度調整済み寄与率......................... 104
周辺度数... 61
宿主要因.................................. 124, 128, 130
主成分分析... 100
出生率... 125
出版バイアス....................................... 147
瞬間死亡率... 113
順序関係... 3
順序効果... 142
順序尺度...................................... 2, 3, 14
情報バイアス................................ 136, 137
症例監査... 174
症例集積研究....................................... 134
症例数設計.................................... 79, 144
症例対照研究........... 81, 123, 132, 134, 135, 136, 139
症例報告.. 81, 134
症例報告書.................... 156, 162, 163, 166, 173, 175
書類監査.................................. 176, 178, 179

189

ジョン・スノウ..122
新生児死亡率..128
診断バイアス..137
人年..125
「真」の分散..29
「真」の平均..29
信頼区間................28, 32, 33, 34, 35, 36, 38, 94
森林プロット..140, 147
新倫理指針..172

【ス】

水準間の変動..90
水準内の変動..90
推測的解析..2, 14
推定........................9, 28, 29, 30, 31, 32, 33, 35, 36, 37
　　　　　　　39, 47, 85, 100, 102, 104, 106, 109
　　　　　　　113, 118, 125, 128, 142, 147, 154
推定精度..36, 146
推定値....................29, 30, 31, 33, 71, 102, 104
　　　　　　　106, 113, 116, 153, 154
数字化..2
数量データ..2
スタージェスの公式....................................4, 6
スタートアップミーティング..............166, 171
ステップワイズ法..108
図表化..2, 10

【セ】

正規分布................10, 17, 24, 25, 26, 29, 30, 31, 33
　　　　　　　48, 51, 53, 54, 57, 59, 60, 88, 92
　　　　　　　94, 97, 98, 101, 104
生存関数....................111, 112, 113, 114, 116, 121
生存時間..........................111, 112, 113, 115, 117
生存時間解析........................111, 112, 113, 117
生存率....................................113, 120, 126, 130
静的割付..143
精度....................31, 33, 35, 78, 108, 147, 153
正の相関....................................67, 68, 70, 74
生命表法..113
積・極限推定量..113
是正勧告..175
是正措置..........................173, 175, 178, 180
絶対リスク..82
絶対リスク減少率......................76, 83, 85, 134, 136
絶対零点..3
切片..70, 72
説明文書・同意文書［同意説明文書］......165, 166, 179
説明変数..................100, 101, 102, 104, 105, 106
　　　　　　　108, 109, 110, 117, 121
セミパラメトリックモデル........................117
選択バイアス..136, 137

尖度..10

【ソ】

総当たり法..108, 110
層化..137
〔治験〕総括報告書..........151, 158, 159, 164, 179
相加平均..6
相関..............................12, 66, 67, 68, 69, 104
相関が強い..68
相関が弱い..68
相関係数....................................69, 70, 73, 74
想起バイアス..136, 137
相対危険度..82, 125
相対度数..4
相対リスク..82, 124
相対リスク減少率..........76, 83, 85, 134, 136, 139
層別置換ブロック法............................143, 144
層別割り付け..153
双峰型..4
測定バイアス..137
粗死亡率..126, 127, 129

【タ】

第一種の過誤....................43, 46, 88, 93, 94, 95, 99
対応のある t 検定..........47, 50, 51, 52, 53, 56, 57, 59
対応のあるデータ..........................47, 50, 51, 58, 63
対応のない t データ..........................47, 48, 57
対応のないデータ..........................47, 48, 57, 63
対照........................47, 54, 78, 136, 140, 141, 142
対称移動..20
対照群........94, 95, 96, 97, 98, 135, 137, 141, 142, 144
対照薬..79
対数線形性..117
第二種の過誤..44
代表値..6, 7, 10
タイプ I エラー..144
対立仮説........39, 40, 41, 42, 43, 44, 48, 51, 53, 62
高木兼広..122
多元配置試験..142
多重共線性..104
多重コホート研究..135
多重比較..........88, 89, 93, 94, 95, 96, 98, 99, 144
多重比較法..93
脱落バイアス..137
脱落率..144
ダブルダミー法..153
多変量解析..................100, 101, 108, 109, 137
多変量データ..100
多変量ロジスティック回帰..............101, 104, 109
ダミー変数..101, 106
単回帰分析..101

索引

単調性 95
単盲検 79, 141

【チ】

置換ブロック法 143, 144
逐次変数選択法 108, 110
治験 142, 152, 154, 159, 162, 163, 164
　　　　　　　　　165, 166, 167, 168, 169, 170, 171
　　　　　　　　　　　　　　　172, 176, 178
治験依頼者 153, 156, 162, 163, 164, 165, 167
　　　　　　　　　168, 169, 176, 178, 179, 180
治験協力者 163, 166, 170
治験施設支援機関 165
治験実施計画書 151, 154, 155, 156, 159, 161
　　　　　　　　　162, 163, 164, 165, 166, 167
　　　　　　　　　　　　　　　169, 176, 179
治験実施施設 162, 163, 164, 165, 166
　　　　　　　　　　　　167, 168, 169, 170
治験審査委員会 165, 170, 171
治験責任医師 163.164, 165, 166, 167, 168, 170, 178
治験総括報告書 164, 179
治験分担医師 163, 166, 170
治験薬 163, 165, 166, 167, 169, 170, 171
治験薬概要書 163, 179
致命率 126, 130, 131
中央値 2, 7, 8, 12, 15, 16, 92, 126
中間解析 140, 144, 154, 155
中間解析 140, 144, 154, 155
超幾何分布 114
調整 9, 99, 100, 109, 137, 138, 153
調整法 95
直接閲覧 162, 166
治療必要数 76, 83, 85

【ツ】

追跡 111, 112, 126, 129, 134, 136
強い相関 68, 104

【テ】

定数項 101
データ 2
データ解析 2, 14, 104, 137
データクリーニング 156
データの型 2, 12, 15, 28, 60
データの固定手順・範囲 155
データ標準 151, 156, 161
データマネジメント 151, 155, 156, 157, 158
適格基準 78, 79, 142, 166, 169
適合性調査 167
点推定〔値〕 28, 29, 30, 32, 33, 34
　　　　　　　　　35, 36, 37, 39, 147

【ト】

等間隔性 3
統計解析 76, 78, 79, 82, 145, 148
　　　　　　　　　151, 154, 156, 158, 164
統計解析〔担当〕者 141, 152, 154, 155, 156, 159
統計学的仮説検定 39
統計学的推測 29
統計解析計画書 154, 161
統計的方法〔手法〕 2, 47, 145
動向調査 136
動的割付 143
等分散性 94, 95, 96, 97, 98, 99
特性値 6, 10
度数分布表 2, 4, 6, 12, 15
ドットプロット 12
トレーサビリティ 174

【ナ】

内的妥当性 76, 81, 141

【ニ】

二元配置分散分析 88, 92
二項分布 17, 21, 22, 23, 24, 26, 32, 33, 34
二重盲検 141, 146
二値応答 32
入院バイアス 137
乳児死亡率 128
妊産婦死亡率 128

【ネ】

年齢調整死亡率 126, 127, 128, 129, 131

【ノ】

ノンパラメトリック検定 47, 53, 57, 59, 63
ノンパラメトリック推定 113
ノンパラメトリックな手法 89, 92, 95, 97, 98, 99

【ハ】

パーセント点 8
バイアス 76, 77, 78, 81, 84, 132, 136
　　　　　　　　　137, 141, 151, 153, 154, 160
バイアスコイン法 143
背景因子 77
測る 3
曝露要因 135, 136, 139
箱ひげ図 2, 12
ハザード関数 111, 112, 113
ハザード比 117, 118, 119
外れ値 7, 12, 59
発症率 125
ハット 29, 71

191

ばらつき......... 20, 31, 32, 37, 77, 78, 90, 142, 147, 154
パラメータ................. 20, 21, 22, 23, 24, 25, 29, 30, 31
　　　　　　　　 33, 45, 95, 101, 102, 106, 114, 118
パラメトリック検定...................... 47, 533, 57, 59, 63
パラメトリックな手法........................ 89, 94, 98, 99
バルーンプロット... 10
範囲.. 7

【ヒ】

比... 124, 125
比較可能性... 78, 81, 141
比尺度.. 2, 3
ヒストグラム.................................. 2, 4, 6, 12, 15, 53, 54
必須文書................................... 162, 163, 166, 167, 178
人を対象とする医学系研究に関する倫理指針
　　.. 162, 172, 179
非負の値... 112
病因.. 123, 124, 128
評価項目................ 47, 76, 78, 97, 133, 134, 141
　　　　　　　　　　　　　 144, 154, 157, 161
費用効果分析.. 129
標準化................................ 25, 135, 137, 156, 157, 173
標準誤差............. 30, 31, 33, 34, 35, 36, 37, 146, 147
標準正規分布.. 2
標準偏差.......................... 2, 8, 9, 15, 16, 19, 20, 30
　　　　　　　　　　　　　 31, 34, 37, 49, 69, 72
表側... 10
費用対効果.. 122, 123, 129
表頭... 10
費用便益分析.. 129
標本........................... 9, 15, 16, 28, 29, 30, 31, 32, 33
　　　　　　　　 34, 35, 36, 37, 44, 91, 94, 95, 138
標本サイズ.. 39, 43, 44, 45
標本分散................................... 9, 15, 28, 31, 35, 91
標本平均................................ 28, 30, 31, 33, 34, 35, 90
比例尺度... 3
比例ハザード性...................................... 111, 118

【フ】

不完全データ.. 153, 161
不均一性... 147
不整合の解決.. 156
負の相関.................................... 67, 68, 69, 70, 74
負の二項分布.. 23, 24
不偏... 28, 31, 32
不偏分散.. 9
プライバシーに関する機密...................... 163
ブラインド化..................................... 153, 160
プロトコル............... 76, 78, 79, 137, 144, 145, 147, 154
分割表.............................. 57, 61, 62, 114, 115
分散........... 2, 6, 8, 9, 15, 17, 19, 21, 22, 23, 24, 25

　　　　　　 26, 27, 29, 30, 31, 48, 57, 101, 114, 146
分散分析............. 88, 89, 91, 92, 93, 94, 97, 98, 99, 101
分散分析表.. 90, 91
分散分析モデル.. 101
分析疫学.. 122, 123
分布........... 2, 4, 6, 7, 9, 10, 12, 17, 18, 19, 20, 21, 22
　　　　　 23, 24, 28, 48, 51, 52, 54, 57, 58, 59, 60
　　　　　 63, 95, 112, 115, 117, 122, 132, 133, 142
分布関数................................. 17, 18, 17, 112
分布形.. 22
分布系.. 23, 24

【ヘ】

平均......................... 2, 6, 7, 8, 15, 16, 28, 29, 30, 31
　　　　　　　　 33, 34, 35, 48, 51, 54, 68, 72, 73
平均値................ 7, 9, 19, 29, 31, 35, 37, 39, 47, 48, 49
　　　　　　 50, 51, 52, 53, 55, 58, 88, 93, 126, 154
平均値の差の検定.. 88
平均偏差.. 8
平行移動... 20
並行群間比較試験......... 140, 142, 143, 149, 153, 160
ベースラインハザード.................................. 117
ヘルシンキ宣言.. 173
ベルヌーイ試行...................................... 21, 23
ベルヌーイ分布.. 20, 21
偏回帰係数............................ 101, 102, 104, 106, 108
変曲点.. 24
偏差.. 8
偏差平方和.. 8
変数減少法.. 108
変数減増法.. 108
変数選択... 108, 110
変数増加法.. 108
変数増減法.. 108
変動.................................... 51, 76, 77, 90, 104, 136
変動係数.. 9, 10
変動要因... 76, 77, 81
変量効果モデル... 147

【ホ】

ポアソン分布................................ 17, 22, 23
棒グラフ... 4, 10
母集団............ 28, 29, 30, 31, 32, 33, 34, 37, 48
　　　　　 49, 51, 53, 54, 62, 88, 92, 93, 94, 97
　　　　　　　　 98, 126, 127, 129, 138, 142
母分散.. 88, 95, 98

【マ】

前向き... 133, 134
前向きコホート研究............... 134, 135, 136
マスク化... 153, 160

索引

マッチング 137

【ミ】

未回答者バイアス 136
右に歪んだ分布 4

【ム】

無作為化 141
無作為化並行群間比較試験 153, 160

【メ】

名義尺度 2, 3, 14
名義尺度の水準 3
メタアナリシス 76, 81, 132, 133, 138, 140
　　　　　　　　　145, 146, 148, 149, 150

【モ】

盲検化 79, 82, 137, 140, 141, 146, 153, 160
盲検解除 154
目的変数 100, 101, 102, 104, 106, 108, 109
目標症例数 152, 154
モニター 162, 170, 178
モニタリング 156, 162, 163, 164, 166, 167
　　　　　　　　　169, 170, 172, 173, 174, 178
モニタリング手順書 163, 169, 170

【ヤ】

薬剤疫学 123

【ユ】

有意 41, 58, 59, 62, 89, 91, 92, 93
　　　　　　　　　95, 98, 104, 113, 116, 119
有意水準 39, 40, 41, 42, 43, 44, 45, 46, 49
　　　　　　　　　50, 51, 53, 62, 88, 92, 94, 96, 97
　　　　　　　　　99, 104, 144
有害事象 153, 162, 166, 173, 175, 178
有暴露率 136,
有病率 122, 125, 128, 136

【ヨ】

要因 97, 124, 128, 132, 134, 136, 137, 139, 140, 169
要因デザイン 142
要約 2, 8, 12, 15, 28, 61, 76, 159
要約統計量 2, 6, 14
予後因子 117, 119, 134, 135
予測因子 137
予防措置 173, 175, 178, 179
弱い相関 68

【ラ】

ランダム SDV 162, 169
ランダム化 79, 82, 137, 140, 141
　　　　　　　　　146, 151, 153, 154, 160
ランダム化比較試験 81, 85, 115, 123, 138, 140
　　　　　　　　　141, 142, 144, 145, 146
　　　　　　　　　148, 149
ランダム化臨床試験 141
ランダム抽出 137
ランダム割付 137, 142, 143, 148

【リ】

利益相反 174
罹患者−有病者バイアス 137
罹患率 82, 122, 123, 125, 126, 128, 129, 130, 131
リサーチ・クエスチョン 154
離散型 18, 20, 22
離散型確率変数 18, 19
離散型のデータ 60, 6263
離散データ 3
リスク差 82
リスク集合 113, 115, 116
リスクに応じた対応 173
リスク比 82, 125
率 122, 124, 125, 126, 128, 129
率比 125
リモート SDV 162, 169
両側検定 39, 42, 48, 51, 52, 62
両側対立仮説 42
量的データ 2, 3, 4, 10, 12
臨床研究 66, 76, 77, 78, 79, 100, 101, 104
　　　　　　　　　105, 106, 108, 109, 111, 117, 118
　　　　　　　　　132, 133, 140, 141, 172, 173
臨床研究計画法 76
臨床研究コーディネーター 166
臨床検査会社 178
臨床試験登録システム 146
臨床試験の一般指針 152
臨床試験のための統計的原則 151, 152
臨床データ交換標準コンソーシアム 156
倫理審査委員会 173, 174, 175

【ル】

累積罹患率 126, 129, 131

【レ】

レンジ 7
連続型 18, 19, 20, 24
連続型確率変数 18, 19
連続型のデータ 60, 63
連続データ 3, 4

193

【ロ】

漏斗プロット 140, 147
ログランク検定 111, 113, 114, 115, 116, 117, 121
ロジスティック回帰 100, 101, 104, 105, 106, 109
ロジスティック関数 105
ロジスティックモデル 105
論文監査 175

【ワ】

歪度 10
割合 122, 124, 125, 126, 128, 129
割付 78, 142, 143, 144
割付調整因子 144

●編者プロフィール

山田 浩 (やまだ ひろし)
1981年自治医科大学医学部卒(医学博士)。1998年聖隷浜松病院総合診療内科部長兼治験事務局長。2001年浜松医科大学医学部附属病院臨床研究管理センター助教授。2005年4月より静岡県立大学薬学部医薬品情報解析学分野教授(健康支援センター長,自治医科大学・浜松医科大学非常勤講師兼務)。静岡県立大学では社会人・大学院生・学生を対象に,CRC/CRA養成講座「創薬育薬基礎・応用特論」を開講中。

磯野 修作 (いその しゅうさく)
塩野義製薬株式会社 解析センター長

渡辺 秀章 (わたなべ ひであき)
1986年九州大学理学部数学科卒,同年塩野義製薬株式会社に入社。一貫して同社解析センターで臨床試験,非臨床試験,市販後調査の統計解析業務に従事。現在,解析センターのデータサイエンス部門とバイオスタティスティクス部門の部門長を兼任。2004年北里大学で博士(臨床統計学)を取得。北里大学非常勤講師。

せいぶつとうけい りんしょうけんきゅう
生物統計・臨床研究デザイン テキストブック

2015年10月1日 初版1刷発行

定　　価	本体3,500円（税別）	
編　　者	山田 浩，磯野 修作，渡辺 秀章	
発 行 人	吉田 明信	
編　　集	松本 みずほ	
発 行 所	株式会社メディカル・パブリケーションズ	
	〒101-0052 東京都千代田区神田小川町3-28-2	
	TEL 03-3293-7266（代）　FAX 03-3293-7263	
	URL http://www.medipus.co.jp/	
印刷・製本	アイユー印刷株式会社	
表紙デザイン・本文制作	有限会社ホワイトポイント 徳升澄夫	

本書の内容の一部，あるいは全部を無断で複写複製をすることは（複写機などいかなる方法によっても），法律で定められた場合を除き，著者・訳者および株式会社メディカル・パブリケーションズの権利の侵害となりますのでご注意ください。

落丁・乱丁はお取り替えいたします。　　　　　　　　　　　　　　　ISBN978-4-902007-74-9